干货多多

甘智荣◎主编

86款必备的干货活用食谱

青岛出版社
QINGDAO PUBLISHING HOUSE

图书在版编目（ＣＩＰ）数据

干货多多：86款必备的干货活用食谱/甘智荣主编.
－－青岛：青岛出版社，2017.3
ISBN 978-7-5552-5275-7

Ⅰ.①干… Ⅱ.①甘… Ⅲ.①干货－菜谱Ⅳ.①TS972.111

中国版本图书馆CIP数据核字（2017）第038462号

书　　　名	干货多多：86款必备的干货活用食谱	
主　　编	甘智荣	
出版发行	青岛出版社	
社　　址	青岛市海尔路182号（266061）	
本社网址	http://www.qdpub.com	
邮购电话	13335059110　0532-68068026	
图文制作	深圳市金版文化发展股份有限公司	
策划编辑	周鸿媛	
责任编辑	肖　雷	
印　　刷	青岛乐喜力科技发展有限公司	
出版日期	2017年6月第1版　2017年6月第1次印刷	
开　　本	16开（710mm×1010mm）	
印　　张	10	
字　　数	100千	
图　　数	450幅	
印　　数	1-8000	
书　　号	ISBN 978-7-5552-5275-7	
定　　价	36.00元	

编校印装质量、盗版监督服务电话：4006532017　0532-68068638
建议陈列类别：美食类　生活类

前　言

　　干香菇、茶树菇、银耳、腊肠、虾米、核桃、腰果、绿豆、枸杞⋯⋯这些干货在我们餐桌上出现的频率特别高，作为家中常备的食材，因其存放时间长、烹饪方法简单而大受欢迎。

　　一般来说，新鲜食材择洗干净便可用来做菜，但干货原料必须泡发后才能使用。每一种干货的泡发都有其独特技巧，如果不掌握技巧或者忽略一些细节就可能导致干货原料泡发失败，如，海参泡发时就不能沾油，否则易化掉。因此，本书归纳了菌蔬类干货、肉类干货、水产类干货、干果及豆制品、药材类干货这5类的清洗、泡发等烹调前的预处理知识，而且每种干货还介绍了烹调菜例，对干货做了全面的、健康的解析，让爱下厨的你能更加安全、健康地食用干货。

目 录 Contents

第一章
食用干货的基础知识

第二章
菌蔬类干货

第三章
肉类干货

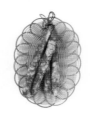

第四章
水产类干货

第五章
干果及豆制品

第六章
药材类干货

第一章

食用干货的
基础知识

为什么有些食用干货需要用热水泡发，

有些食用干货只需要用凉水发制？

如何用肉眼分辨出哪些干货

是用硫磺熏制过或用甲醛泡过？

如何避免在琳琅满目的市场上

买到质次价高的海鲜干货？

这些问题在本章中都能找到答案。

常用干货原料的涨发技巧

干货原料的涨发方法，一般是根据原料的性质、干制的方法和烹调的需要而定的。通常采用水发法、油发法、盐发法、沙发法和碱发法五种。

一、水发法

水发法是干货原料涨发应用范围最广的一种方法，其具体操作方法是将干货原料浸泡在水中，让其吸收水分逐渐回软、涨发。并且使用油发、盐发、沙发、碱发的干货，有些也需要配合水发使用。

水发法又分为凉水发与热水发两种。

凉水发：是将干货原料直接放于凉水中浸泡，使其吸收水分恢复松软。一般质地较嫩软、体形较小的容易泡发的干货，如木耳、香菇、黄花菜等，通过凉水浸泡之后，便可发透，恢复到原来的柔软状态。

热水发：是将干货原料直接放在热水中浸泡或经过煮、煲等方式，使其涨大、回软的一种方法。一般来说，用热水发干货有两种情况，一种是直接把干货原料放入热水之中，另一种是先用凉水浸泡后再用热水泡发，这取决于干货的性质。香菇、茶树菇都适宜用温水浸泡。有些坚硬干品，需要长时间的加热，才能回软发透。但无论上述哪一种情况，用热水涨发干货，水温、加热方式、加热时间，都会因为干货性质的不同而千差万别。一般冬天水温宜高一些，夏天水温可低一点。

干货涨发好后，回软返嫩，在除污去杂时要小心谨慎，不要破坏原料原来的形状。在清洗时，还必须注意不能用沾有油腻、污渍的盆浸泡或漂洗。

二、油发法

油发法是指将干货原料投入油锅中，通过加热使浸炸的原料所含的水分挥发，逐步膨胀松脆的一种方法。

油发法适用于结缔组织较多或含胶质较重的干货原料，如猪肉皮、蹄筋。有些干货既可用水发，也可用油发，如鱼胶、鱼肚。用油发的干货，必须干燥，如原料受潮，必须晒干或烘干，否则不能均匀发透。用于发制干货的油量，必须充足，需能浸没涨发的原料。部分干货油发后，应用时还需放入热水中浸泡回软，并且除去油腻和洗净之后，方可用于制作菜肴。

三、盐发法、沙发法

盐发、沙发是指用粗盐或沙，经炒烫之后把干货原料投入，经过反复翻炒和把干货埋进热盐或热沙之中，使之膨胀松脆的方法。

一般用于油发的干货，也可用于盐发、沙发。油发的色泽油亮，外观较美。沙发的表皮比较暗淡，有些还夹带少许微沙。盐发与沙发的干货，在烹制菜肴前同样要用热水浸泡回软，去污除杂，洗刷干净。

四、碱发法

碱发法是指干货原料经清水浸泡之后，放到碱溶液中浸泡一定的时间，再用清水浸漂，使干货膨胀发透的方法。碱有一定的腐蚀作用，在水中加入适量碱，就成了含电解质的水溶液。它能使蛋白质分子上的某些集团离子表面带有电荷，这些带有电荷的蛋白质分子大大加强了蛋白质的亲水能力，从而加快了干货原料的吸水速度，使干货原料能迅速地恢复到原来的状态，从而达到泡发回软的目的。

买 vs 不买，如何鉴别有毒干货

当我们到菜市场购买干辣椒、香菇、海带等干货原料时，如何鉴别这些干货是否经过硫磺熏制，又有哪些干货是用甲醛泡过呢？

首先看外观，如果原料颜色偏白，跟食品本色相去甚远，而且体形比较肥大的话，很有可能是经甲醛、硫磺泡发过。其次闻气味，甲醛、硫磺本身有强烈的刺激性气味，用甲醛泡这些食品虽然经过充分稀释，但是仍然能够闻到不同于食品本身香味的气味，是一种刺激性的异味。最后用手捏，经甲醛、硫磺泡过的食品比较脆，用手一捏很容易碎。最好不要购买和食用。

下面我们具体来看看如何来分辨一些常见的用硫磺熏过的食材。

红枣　被硫磺熏过的红枣外表光滑，如同打了蜡一般，光鲜圆润，并且颜色非常一致，而没被硫磺熏过的红枣颜色有深有浅，不一致。

海带　正常海带的颜色一般是褐绿色或深褐绿色。如果海带肥肥的，而且颜色特别绿，很光亮，很可能是用化学品加工过。

银耳　正常的银耳呈金黄色，经硫黄熏蒸后色泽会特别洁白，并且被硫磺熏过后即使经高温烹煮，也不能溶于水中。

干辣椒　正常的干辣椒颜色有点暗，硫磺熏蒸后干辣椒颜色过于鲜艳，色泽发亮，带有亮橙色和半透明感，细闻有硫磺气味。

百合　正常的百合发黄，颜色偏暗，闻起来、尝起来都没有什么味道。而经硫磺熏蒸过的百合则发白，看上去很亮，有一股刺鼻的气味，吃起来很酸。

枸杞　枸杞在晒干后颜色会呈陈旧的灰暗色，表面像包裹着一层哑光，而熏过硫磺的枸杞的颜色会是亮丽的艳红色。

黄芪　正常的黄芪煮出来的汤水会清澈透亮，而用硫磺熏蒸后煮出的汤汁明显浑浊还会泛着一股酸味。

如何辨别海鲜干货的质量

海鲜干货因产地、种类不同，在质量上也有很大差别。如果不仔细分辨，就会买到质次价高的海鲜干货。那该如何挑选呢？我们一起耐心看下面的介绍。

鱿鱼干

大家都见过长形的鱿鱼干和椭圆形的墨鱼干，但不知道这两者哪种好。其实长形的是鱿鱼淡干品，是优质品，体形完整，光亮洁净，肉质也肥厚，颜色像鲜艳的干虾肉，呈淡粉色。椭圆形的是乌贼淡干品，身体蜷曲，尾部、背部红中透暗，两侧有点红色，这种属于质量比较差的干品。

鱼翅

鱼翅分为青翅、明翅、翅绒和翅饼等不同种类，以青翅质量最好。鱼翅的品质一般是以干燥、淡口、割净皮肉、带沙黄色的为优质品。另外鱼翅制作时还有淡水翅和咸水翅之别，前者质量好，后者差。

鲍鱼干

鲍鱼干是将新鲜的鲍鱼洗净后，用锅煮熟晒干后制成的。优质的鲍鱼干大小均匀，体形完整，干燥结实。色泽淡，呈黄色或粉红色。半透明状，细闻能闻出一股香气。质量差一点的鲍鱼干大小不均匀，体态也不完整，背部呈灰暗或黑色，也不透明，外表还有一层白粉。

墨鱼干

质量好的墨鱼干体形完整，光亮洁净，肉宽厚平展，颜色呈棕红色，身体为半透明状，带有清香气味。质量差的墨鱼干表面颜色呈粉白色，背部有点暗红色，身体局部有黑斑。

干海蜇 首先要看颜色，优质海蜇皮呈白色或淡黄色，有光泽感，无红斑、红衣和泥沙。其次可看肉质，质量好的海蜇，皮薄、色白，而且坚韧不脆。最后，还可以将洗净的海蜇放入口中咀嚼，若能发出脆响的"咔嚓"声，而且有咬劲，则为优质海蜇；若感到无韧性、不脆响则为劣质品。

章鱼干 优质的章鱼干体形完整，身体坚实，肥大粗壮，颜色鲜艳呈柿红或棕红色，比较干燥，表面浮有白霜，有一股清香味。次品大小不完整，色泽不鲜艳，呈紫红色。

虾米 优质的虾米大小均匀，体形完整，鲜亮光泽，没有壳，没有肢体等杂物。肉质也丰满坚硬，颜色有淡黄或红黄色两种，身体呈透明状，盐度较轻，肉质细嫩，味道比较鲜美，有一股香气。质量差的虾米颜色为淡红色，虽然肉质也很结实，但部分虾米有黑斑，壳和杂物也多，入口比较咸，也稍微有点苦味。

海参 一般以体形完整端正，足够干（含水量小于15%），大小均匀，淡口，结实有光泽，肚内无沙的为优质品。体形虽较为完整、结实，但色泽较暗者则次之。

干贝 主要用扇贝、江瑶贝和日月贝等海产贝类制成。鲜品煮熟将其闭壳肌剥下，洗净晾晒（或烤）而成。色杏黄或淡黄，表面有白霜，颗粒整齐，肉柱较大且坚实饱满，有特殊香气，淡口的为优质品。而肉柱较小，色泽较暗的次之。

第二章

菌蔬类干货

黄花菜、干香菇、腐竹、银耳……

厨房里经常会出现它们的身影。

无论是煲汤还是炖肉，味道都很浓郁。

无论是当闪耀的主角，

还是当衬托红花的绿叶，

都能完美胜任。

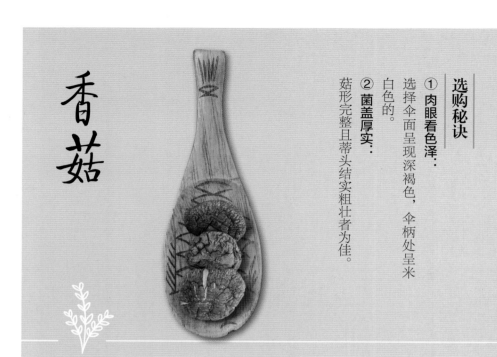

香菇

选购秘诀

① **肉眼看色泽：**
选择伞面呈现深褐色，伞柄处呈米白色的。

② **菌盖厚实：**
菇形完整且蒂头结实粗壮者为佳。

泡发处理

浸泡： 先将干香菇用凉水清洗干净，然后放入碗中，再倒入 60℃左右的温热水浸泡 4 小时至完全泡涨。

> **注意** 不宜用凉水和沸水泡发香菇，凉水不易发透，过热的水会让香菇的营养成分流失。

漂洗： 泡好后换清水清洗香菇，用手顺时针轻轻搅动，让香菇的菌盖慢慢张开，里面的砂粒就会慢慢沉入水中，最后捞出香菇，再换清水漂洗数次去净砂粒。

> **注意** 香菇泡好后不要再继续泡制，否则会使香菇的鲜味大大降低。

存储

可用铁罐、陶瓷缸等可密封的容器储藏香菇。由于香菇具有极强的吸附性，所以必须单独储存。

香菇盒

🥕 原料
水发干香菇 100 克，肉末 75 克，生粉 35 克，葱花少许

🍱 调料
盐 1 克，鸡粉 2 克，料酒 3 毫升，芝麻油 5 毫升，生抽、水淀粉各 8 毫升

🍳 做法
1. 香菇去柄；肉末中放入葱花、料酒、盐、鸡粉、生抽，拌匀成馅料；香菇先抹上生粉，放入馅料，制成生坯，再上蒸锅蒸 10 分钟至熟。
2. 锅中放入少许清水烧热，加入生抽、鸡粉、水淀粉、芝麻油，搅成酱汁，浇在香菇盒上即可。

香菇牛柳

🥕 原料
芹菜 40 克，水发干香菇 30 克，牛肉 200 克，红椒少许

🍱 调料
盐、鸡粉各 2 克，生抽、水淀粉各 8 毫升，料酒 5 毫升，食用油 20 毫升

🍳 做法
1. 香菇切成片，芹菜切段，牛肉切条。
2. 将牛肉条用盐、料酒、少许水淀粉搅拌均匀，腌渍 10 分钟至其入味。
3. 热锅注油，倒入牛肉、香菇、红椒、芹菜，翻炒匀，加入生抽、鸡粉、水淀粉，翻炒片刻至食材入味即可。

香菇鸡腿芋头煲

🥕 原料

鸡腿块 350 克，芋头 185 克，水发干香菇 35 克，姜片、葱段各 3 克

🧂 调料

盐、鸡粉各 2 克，料酒 4 毫升，老抽 2 毫升，生抽 3 毫升，食用油适量

🍳 做法

1. 洗净去皮的芋头，斜刀切成菱形块。

2. 热锅注油，烧至四五成热，倒入芋头，搅拌匀，用中火炸约 3 分钟，捞出芋头，沥干油，待用。

3. 锅中留少许底油，倒入姜片、葱段，爆香，倒入鸡腿块，翻炒至变色。

4. 淋入适量料酒、老抽，炒匀上色，倒入香菇，炒匀。

5. 注入适量清水，用大火煮约 20 分钟。

6. 加入少许生抽、盐、鸡粉，翻炒均匀，放入炸好的芋头，用小火煮约 10 分钟，出锅前撒上葱花即可。

茶树菇

泡发处理

浸泡： 将茶树菇放入碗中，加入水温约 40℃ 的水浸泡 20 分钟至回软。

注意 不要用凉水浸泡，否则茶树菇的香味激发不出来，口感也不佳。

漂洗： 待回软后，倒掉碗中的水，再用清水清洗，边清洗边去除茶树菇根部的杂质和孢子里的泥沙，直至清洗干净。

注意 清洗干净的茶树菇宜用清水泡住保存，但时间不宜太长，最好当天使用完。

存储

将茶树菇充分晒干，然后装入塑料袋内，扎紧袋口，放在通风、干燥、避光的地方即可。

茶树菇炒鳝丝

原料
鳝鱼200克，青椒、红椒各10克，水发茶树菇100克，姜片、葱花各5克

调料
盐、鸡粉各2克，生抽、料酒各5毫升，水淀粉10毫升，食用油30毫升

做法
1. 青椒、红椒、处理好的鳝鱼肉均切条。
2. 锅中入油烧热，倒入鳝鱼，放入姜片、葱花炒匀，淋入少许料酒，下入青椒、红椒、茶树菇，炒约2分钟。
3. 放入盐、生抽、鸡粉、料酒，炒匀调味，倒入水淀粉勾芡即可。

茶树菇鸡汤

原料
水发茶树菇200克，枸杞5克，白芍10克，红枣5颗，鸡块200克

调料
盐3克

做法
1. 将红枣、白芍和枸杞分别清洗干净。
2. 锅中注入清水大火烧开，倒入鸡块，汆煮去血水，捞出。
3. 砂锅中注入清水，放入鸡块、茶树菇、红枣、白芍，搅拌匀，盖上锅盖，大火煮开后转小火煮100分钟，再加入枸杞、盐，搅匀调味即可。

茶树菇炒腊肉

🥕 原料

水发茶树菇200克，腊肉240克，洋葱50克，红椒40克，芹菜35克，干辣椒、花椒各3克

🥫 调料

鸡粉、白糖各2克，生抽3毫升，料酒4毫升，食用油30毫升，豆瓣酱20克

🍳 做法

1. 将洗净的洋葱切丝；芹菜、茶树菇切段；红椒切圈；腊肉取瘦肉部分切片。

2. 锅中注入适量清水烧开，放入腊肉，氽去多余盐分后捞出，沥干水分，待用。

3. 用油起锅，放入花椒、豆瓣酱，炒香。

4. 加入干辣椒、腊肉、茶树菇，略炒。

5. 放入红椒圈、芹菜、洋葱，炒至熟软。

6. 最后放入生抽、料酒、白糖、鸡粉调味，炒匀即可。

猴头菇

选购秘诀

① 观形体：
菇体完整，无伤痕残缺。

② 看色泽：
菇体呈金黄色或黄里带白。

泡发处理

浸泡： 将猴头菇放入碗中，放入凉水，让猴头菇充分吸饱水分，再捞出来挤干水分，反复几次。

注意 在泡发的过程中，中间应换几次清水。

漂洗： 再去掉硬老柄及污物，反复清洗干净，用温水泡约4小时，捞出再次挤干水分，反复几次后，待无黄水、异味后即可食用。

注意 猴头菇不能用沸水泡发，因为高温会将猴头菇的组织迅速烫死，产生小凝结块。

存储

猴头菇一般都容易吸潮霉变，需干燥储藏，可在贮存容器内放入适量的块状石灰或干木炭等作为吸湿剂，以防受潮。

猴头菇花生排骨汤

🥕 原料

水发猴头菇80克，花生30克，胡萝卜80克，排骨块300克，海底椰15克，姜片少许

🍶 调料

盐2克

🍳 做法

1. 胡萝卜切滚刀块，猴头菇切厚片。

2. 锅中注入适量清水烧开，倒入排骨块，汆煮片刻，捞出。

3. 砂锅中注入清水，倒入排骨、胡萝卜、姜片、海底椰、花生、猴头菇，煮1小时后加入盐，搅拌片刻即可。

猴头菇扒上海青

🥕 原料

上海青200克，水发猴头菇70克，鸡汤150毫升

🍶 调料

盐3克，水淀粉4毫升，胡椒粉2克，食用油20毫升

🍳 做法

1. 上海青切成瓣，猴头菇切成片。

2. 热水锅中加入少许盐、食用油后倒入上海青，汆煮1分钟，捞出，盛盘。

3. 用油起锅，倒入猴头菇炒匀，淋入鸡汤煮沸，加入盐、胡椒粉、水淀粉炒匀，装入盘中即可。

浇汁猴头菇

🥕 原料

猴头菇 30 克，西蓝花 80 克，
葱条、姜片各 5 克

🧂 调料

鸡粉 4 克，盐、白糖各 3 克，
蚝油 7 克，老抽、鸡汁、料酒
各 8 毫升，水淀粉 7 毫升，芝
麻油 2 毫升，食用油 20 毫升

🍳 做法

1. 洗净的西蓝花切成小块，猴头菇放入水中泡发。

2. 锅中注入适量清水，放入少许食用油、盐、鸡粉，再放入西蓝花，煮半分钟，将焯好的西蓝花捞出，沥干水分。

3. 沸水锅中放入葱条、姜片，倒入洗净的猴头菇。

4. 加入鸡汁、料酒，盖上盖，用小火煮 10 分钟后揭开盖，将煮好的猴头菇捞出，切片备用。

5. 用油起锅，倒入适量清水，放入适量盐、鸡粉、蚝油、老抽，加入白糖，调匀，倒入适量水淀粉勾芡，淋入芝麻油，拌匀，制成芡汁。

6. 将煮好的猴头菇装入盘中，摆上西蓝花，浇上芡汁即可。

黄花菜

选购秘诀

① **看颜色：**
色泽偏老，花嘴一般呈黑色。

② **验手感：**
手感柔软且有弹性，不粘手，松手后又能很快伸展开。

泡发处理

浸泡： 将黄花菜放在大碗中，注入水温约 40℃ 的水将黄花菜淹没，直至泡软。

注意 注意需用温水泡发，这样才能激发出黄花菜的香味。若用凉水发制，香味不易激出。

漂洗： 食用时，要去除黄花菜上的硬梗，再换清水清洗几遍，直至无黄水，最后挤干水分即可用来烹饪。

注意 皮肤瘙痒者慎食干黄花菜，并且新鲜黄花菜中含有秋水仙碱，可造成胃肠道中毒症状，故不能生食，须加工晒干。

存储

晒干的黄花菜应放置于干燥阴凉处，用塑料袋密封包装，自然储存可保存半个月以上。

大枣黄花菜木耳蒸鸡

原料

鸡腿肉 250 克，干黄花菜 20 克，红枣 10 克，木耳 10 克，冬菇 3 只，葱花、蒜末各 5 克

调料

芝麻油 8 毫升，生抽 15 毫升，盐 2 克，水淀粉 5 克

做法

1. 鸡腿肉切成中等大小的块状。

2. 黄花菜、木耳和红枣洗净，分别放入水中浸泡约 30 分钟，沥干，备用。

3. 再将鸡肉、黄花菜、木耳和红枣装入碗中，加入芝麻油、生抽、盐、水淀粉混合均匀后，放入蒸锅中，蒸 15 分钟至完全熟透即成。

木樨肉

原料

猪里脊肉 180 克，黄瓜 1 根，干木耳、干黄花菜各 8 克，鸡蛋 2 个，葱花、姜末各 5 克

调料

盐、鸡粉各 3 克，生抽 8 毫升，料酒 5 毫升，白糖 5 克，食用油 20 毫升

做法

1. 将猪里脊肉切成片装碗，用料酒和少许盐抓匀，腌渍 10 分钟；黄瓜洗净切片；干木耳和干黄花菜泡发洗净。

2. 鸡蛋打散成蛋液，倒入油锅中，煎至半熟，炒散后盛出，备用。

3. 另起锅，注油烧至五成热，放入葱花、姜末爆香。

4. 放入肉片炒至变色。

5. 放入水发黄花菜和水发木耳，大火翻炒 2 分钟，放入黄瓜、鸡蛋翻炒均匀。

6. 放入鸡粉、生抽、白糖和盐，炒匀调味，盛出即可。

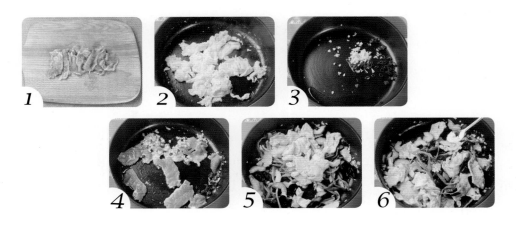

笋干

选购秘诀

看颜色、闻味道：浅黄色为好，过黄的笋干可能是硫磺熏制的，购买时还需闻是否有硫磺味。

泡发处理

泡煮：将笋干放在盆内，注入沸水，加盖浸泡约 12 小时后，捞出再放入凉水锅中，煮半小时至 1 小时，最后放在有凉水的盆中浸泡 12 小时。

碱水泡：碱与水的比例为 1：50，用碱水处理过的笋干更洁白、更饱满、更爽嫩。也可不用碱水处理，但煮、漂的时间更长，而且效果不如用碱水处理过的笋干好。

--- **存储** ---

干燥的笋干采用真空包装或密封包装，存放于阴凉、干燥的地方即可。

笋干老鸭汤

🥕 **原料**

泡发好的笋干50克，老鸭250克，蒜片、姜片各10克，枸杞、葱花各5克

🗄 **调料**

盐4克，料酒10毫升，胡椒粉5克，食用油20毫升，生抽少许

🍳 **做法**

1. 鸭肉剁成小块，加入料酒、少许盐、生抽、蒜片、姜片拌匀，腌渍2小时。
2. 锅中注油烧热，放入鸭肉翻炒至转色，加入笋干，翻炒1分钟，注入适量清水，大火烧开后转入砂锅中。
3. 炖约2个小时后放入枸杞、盐和胡椒粉调味，盛出，撒上葱花即可。

笋干豆腐汤

🥕 **原料**

豆腐150克，泡发好的笋干30克，枸杞5克，葱花2克

🗄 **调料**

盐、鸡粉各2克

🍳 **做法**

1. 洗净的豆腐切片，笋干泡发。
2. 砂锅中注水烧热，倒入切好的豆腐、笋干拌匀，加盖，用大火煮20分钟至食材熟透。
3. 揭盖，倒入枸杞，加入盐、鸡粉，拌匀，关火后盛出煮好的汤，装在碗中，撒上葱花点缀即可。

外婆笋干炖肉

原料

五花肉 300 克，泡发好的笋干 120 克，大葱 20 克，姜片 10 克，八角 2 个，花椒 3 克，葱花少许

调料

生抽 20 毫升，老抽 5 毫升，冰糖 20 克，料酒 15 毫升，食用油 20 毫升

做法

1. 泡发好的笋干，斜刀切成薄片；五花肉切大块；大葱切段。

2. 锅中注入清水，倒入五花肉，大火烧开，淋入少许料酒，余 3 分钟，捞出，用清水洗净，沥干水分。

3. 锅中注入少许食用油，放入冰糖，炒至变成焦糖色，注入清水，煮成糖色。

4. 放入余好的五花肉翻炒，裹上糖汁。

5. 放入姜片、八角、花椒、生抽、老抽翻炒 1 分钟，加入适量的开水烧开，大火 20 分钟，加盖转小火煮 1 个小时。

6. 揭盖，放入笋片、大葱，中火煮 30 分钟，大火收至汤汁浓稠，盛出撒上葱花即可。

1　2　3　4　5　6

梅干菜

选购秘诀

看颜色： 有些用油冬菜或萝卜菜等制作的梅干菜，颜色暗红，菜叶与菜梗色差大，没有嚼劲，不宜选。

泡发处理

浸泡： 将梅干菜放在盆中，加入清水浸泡数小时至完全涨透。

漂洗： 在流动的自来水下反复冲漂，待彻底去净泥沙，挤干水分，择去硬梗即可。

存储

将梅干菜装在塑料密封袋内，置于阴凉干燥处保存，最好每月取出晾晒一次，以防生虫。

梅干菜炒卷心菜

🥕 原料

卷心菜 70 克，梅干菜 30 克，红辣椒 50 克

🥫 调料

盐、鸡粉各 2 克，食用油 15 毫升

🍳 做法

1. 卷心菜洗净切成丝，红辣椒洗净切成圈，梅干菜泡发后沥干水分备用。

2. 热锅注油，倒入梅干菜、辣椒圈煸炒出香味。

3. 倒入切好的卷心菜，加入盐，中火快速翻炒均匀，炒至卷心菜变软，加鸡粉翻炒片刻即可出锅。

梅菜扣肉

原料

带皮五花肉 500 克,水发梅干菜 200 克,葱段 20 克,姜片10 克

调料

南乳、腐乳各 30 克,冰糖 20克,生抽、料酒各 15 毫升,老抽、蚝油各 10 毫升,盐 3 克,食用油适量

做法

1. 锅中注入适量清水烧热,放入姜片、葱段,煮至沸腾,下入五花肉,淋入少许料酒,大火煮开后转小火煮约 20 分钟后捞出。

2. 将放凉的五花肉切成两大块,装入碗中,抹上适量生抽。

3. 热锅倒入适量食用油烧热,下入五花肉炸至上色后捞出,将炸好的五花肉切成片。

4. 热锅注油烧热,下入姜片、桂皮、八角爆香,放入南乳、腐乳,翻炒几下,倒入肉片、生抽、老抽、蚝油,炒匀。

5. 将肉片在碗底铺好,锅留汤汁待用,肉片上铺上梅干菜,再移入烧开的蒸锅中,蒸约 1 小时。

6. 将原锅中的汤汁煮沸,加入冰糖煮至化开;将梅菜扣肉倒在盘中,再淋上汤汁即可。

梅干菜烧肉

🥕 原料

五花肉 300 克，水发梅干菜
80 克，葱结、姜片各 15 克，
葱花、蒜末、干辣椒段各 5 克

🧂 调料

盐 3 克，生抽 5 毫升，食用油
20 毫升

🍳 做法

1. 锅中注水烧开，放入五花肉、葱结、姜片，
大火煮 20 分钟，捞出。

2. 将煮好的五花肉切成厚片。

3. 锅中注油烧热，倒入葱花、蒜末、干辣椒
爆香。

4. 放入五花肉片，炒匀。

5. 加入盐、生抽，炒至猪肉变色。

6. 倒入梅干菜炒至熟透，盛出即可。

干豆角

泡发处理

泡发: 将干豆角放在容器内，注入开水，压上一个盘子，浸泡约 12 小时至完全发透。

注意 不宜用凉水泡发，并且泡发的时间不能太短，否则干豆角不能发透。

漂洗： 把泡好的干豆角用清水漂洗两遍，再用清水把干豆角泡好，备用。

注意 泡好的干豆角，如果一次性吃不完，可放冰箱冷藏，但时间也不要超过 3 天。

存 储

充分晾干的干豆角可以密封保存，也可放在阴凉通风处保存。

干豆角炒肉

🥕 原料

泡好的干豆角 200 克，五花肉 150
克，葱花、蒜片、干辣椒各 5 克，
高汤 100 毫升

调料

干淀粉 10 克，盐 3 克，鸡粉 2 克，
酱油、水淀粉各 8 毫升，芝麻油 5
毫升，食用油适量

做法

1. 五花肉切成薄片，加入干淀粉和
   少许酱油、盐、鸡粉、食用油拌匀。

2. 泡好的干豆角切成段。

3. 用油起锅，倒入猪肉片炒散，至
   其变色，盛出。

4. 另起锅，注油烧热，放入葱花、
   蒜片和干辣椒爆香，倒入干豆角
   段炒干水气。

5. 加入高汤、适量酱油和盐炒入味，
   放入猪肉片炒匀，加入鸡粉炒匀，
   淋入适量水淀粉勾芡，加入芝麻
   油炒匀，出锅装盘即可。

干豆角烧牛肉

🥕 原料

牛肉 500 克，水发干豆角 100 克，大葱段 20 克，干辣椒段、姜片各 5 克，八角、香叶各 2 克，桂皮 8 克，葱花 3 克

🧂 调料

料酒、生抽各 10 毫升，白糖 5 克，盐 3 克

🍳 做法

1. 牛肉切条，干豆角切段。

2. 锅中注水烧开，放入牛肉，余出血水，捞出，沥干水分。

3. 锅中注油烧热，放入姜片、干辣椒、大葱段爆香。

4. 倒入牛肉翻炒，加料酒去腥，淋入生抽，加入白糖。

5. 加入八角、桂皮、香叶翻炒片刻，注入适量清水，煮沸。

6. 放入干豆角、盐，炖 10 分钟，大火收汁，盛出撒上葱花即可。

黑木耳

选购秘诀

观外形： 干制后整耳收缩均匀，干薄完整，手感轻盈，拗折脆断，互不黏结。

泡发处理

泡发： 把干木耳放入碗中，注入凉水泡住，静置数小时让其充分涨透。

> **注意** 用凉水泡发，木耳涨发率高，而且质感柔软而富有弹性。

漂洗： 从水中捞出黑木耳，摘去根蒂，拣净杂质，换清水反复漂洗干净，再用清水泡好，备用。

> **注意** 清洗时放入少许面粉能将木耳清洗得更干净。

存储

木耳应放在通风、透气、干燥、凉爽的地方保存，避免阳光长时间照射。

乌醋花生黑木耳

🥕 **原料**

水发黑木耳 150 克，去皮胡萝卜
80 克，花生 100 克，朝天椒 1 个，
葱花 8 克

🧂 **调料**

生抽 3 毫升，乌醋 5 毫升

🍴 **做法**

1. 洗净的胡萝卜切丝。锅中注入适
   量清水烧开，倒入切好的胡萝卜
   丝、洗净的黑木耳，拌匀。

2. 焯煮一会儿至断生，捞出焯好的
   食材，放入凉水中待用。

3. 捞出凉水中的胡萝卜和黑木耳装
   在碗中，加入花生米、切碎的朝
   天椒，倒入生抽、乌醋，拌匀。

4. 将拌好的凉菜装在盘中，撒上葱
   花点缀即可。

莴笋木耳炒肉

🥕 原料

莴笋 80 克，干木耳 5 克，猪
里脊肉 150 克，朝天椒 1 根，
葱花 5 克，蒜末 8 克

🗃 调料

盐、鸡粉各 3 克，生抽 8 毫升，
料酒 5 毫升，白糖 4 克，食用
油 20 毫升

🍴 做法

1. 将莴笋去皮，切成菱形片；猪里脊肉切成片，
加入适量料酒和生抽拌匀，腌渍片刻。

2. 干木耳用温水泡发，去掉老根洗净，撕成
小朵；朝天椒切圈。

3. 锅中注油烧至五成热，放入葱花、蒜末、
朝天椒圈爆香。

4. 放入腌渍好的猪里脊肉，煸炒至完全变色，
倒入剩余生抽。

5. 放入木耳和莴笋炒匀。

6. 加入盐、鸡粉、白糖，炒至食材熟透即可。

银耳

选购秘诀

① 观外形：
花大而松散，耳肉肥厚，朵形较圆整。

② 看颜色：
呈白色或微黄，蒂头无黑斑或杂质。

泡发处理

泡发：将干银耳放在小碗内，注入凉水，上压一重物，让其静置数小时至充分涨透。

注意 最好用凉水浸泡，这样不仅涨发好，而且口感也清脆。

漂洗：择去黄色的硬心，再分成小朵，用清水洗净后，最后用清水泡住保存。

注意 保存的时间不宜长，会软烂。

— 存 储 —

干品置于阴凉通风处可长期保存，但要注意防虫蛀。

红枣银耳炖鸡蛋

🥕 原料

去壳熟鸡蛋1个，红枣25克，水
发银耳90克，桂圆肉30克，枸杞
5克

🧂 调料

冰糖30克

🍳 做法

1. 砂锅中注入适量清水，倒入熟鸡
   蛋、银耳、红枣、桂圆肉，拌匀。

2. 加盖，大火炖开转小火炖30分钟
   至食材熟软，揭盖，加入冰糖、
   枸杞，拌匀。

3. 加盖，续炖10分钟至冰糖溶化，
   揭盖，搅拌片刻至入味。

4. 关火后盛出炖好的鸡蛋，装入碗
   中即可。

桂圆银耳木瓜汤

🥕 原料

桂圆肉 20 克，银耳 50 克，若羌红枣 15 克，莲子 10 克，木瓜块 150 克

🧂 调料

冰糖 30 克

🍳 做法

1. 将莲子倒入装有清水的碗中，泡发 2 个小时；将红枣、桂圆肉倒入装有清水的碗中，泡发 10 分钟；再将银耳倒入装有清水的碗中，泡发 30 分钟。

2. 待 30 分钟后将银耳捞出，切去根部，再切成小块。

3. 砂锅中注入适量清水，倒入银耳，再加入泡发滤净的莲子、红枣、桂圆肉，搅匀。

4. 盖上锅盖，开大火煮开转小火煮 40 分钟。

5. 掀开锅盖，倒入备好的木瓜块。

6. 盖上锅盖，再续煮 10 分钟，掀开锅盖，加入适量冰糖，搅拌片刻至溶化，略煮片刻使食材入味。

海带

选购秘诀

观外形：海带以叶宽厚、无枯黄叶，色浓绿或绿中微黄为上品。

泡发处理

泡发：将海带放入凉水中，再放入少许食醋，浸泡约2小时至没有皱褶，完全泡涨。

漂洗：换清水漂洗净砂粒，即可得到又脆又嫩的海带。

注意 干海带含有很多砂粒，需用清水多清洗几遍，以免做成菜后，吃起来会有嚼沙感。

存储

干海带买回来后应尽可能在短时间内食用，如果不能食用完，应将海带密封后，放在通风干燥处，切不可受潮。

金针菇海带虾仁汤

🥕 **原料**

虾仁 50 克，金针菇 30 克，水发海带 40 克，昆布高汤 800 毫升，姜丝适量

🧂 **调料**

盐、鸡粉各 2 克

🍳 **做法**

1. 洗净的金针菇切去根部，切段；水发海带切成菱形块。

2. 昆布高汤倒入汤锅中大火煮开。

3. 再放入海带、金针菇、姜丝，煮 5 分钟。

4. 放入虾仁，煮至变色，加入少许盐、鸡粉调味即可。

排骨炖海带

🥕 **原料**

排骨 300 克，水发海带 80 克，胡萝卜 100 克，姜片 5 克，葱花 3 克

🍱 **调料**

盐、鸡粉各 2 克

🍳 **做法**

1. 排骨斩成段；水发海带切菱形块；胡萝卜切滚刀块。

2. 锅中注水烧开，放入排骨，汆水片刻，去除血水，捞出。

3. 锅中注水烧开，放入姜片、海带、排骨、胡萝卜，大火煮沸，加盖，转小火煲 1 个小时。

4. 揭盖，放入适量盐、鸡粉调味，盛出，撒上葱花即可。

百合

选购秘诀

① **观外形：**
要选片张大，肉质肥厚的。

② **看颜色：**
呈玉白色，表面干净无斑点。

泡发处理

浸泡：将干百合放入凉水中，浸泡约 1 小时至变软。

注意 如果用热水泡发的话，时间可缩短为半小时，以免过烂。

漂洗：换清水，轻轻揉搓片刻即可。

注意 清洗时一定要把杂质去净。

存储

放入密封的罐子中保存即可。

百合木瓜汤

原料

水发百合 20 克，水发银耳 20 克，去皮木瓜 40 克，莲子、红枣各 20 克，枸杞 5 克

调料

白糖 20 克

做法

1. 洗好的木瓜切小块。
2. 锅中倒入泡好的百合和切好的银耳，放入切好的木瓜，倒入洗净的莲子、红枣、枸杞，倒入白糖。
3. 加入适量清水至没过食材，搅拌均匀，煮沸后加盖，小火煲 1 小时即可。

雪梨百合银耳羹

原料

水发银耳 50 克，水发百合 25 克，去皮雪梨 1 个，枸杞 5 克

调料

冰糖 10 克

做法

1. 洗净的雪梨取果肉，切小块；泡好的银耳根部去除，切小块。
2. 锅中放入切好的银耳，倒入切好的雪梨，放入洗净的百合，倒入洗好的枸杞，加入冰糖。
3. 倒入适量清水，搅拌一下，煮沸后加盖，小火煲 1 小时即可。

腐竹

泡发处理

浸泡： 将腐竹放在容器中，放入清水，再用盘子扣住，让腐竹完全浸泡在水中，待泡数小时至内部无硬心即可。

注意 因为腐竹硬挺，不易沉入水中，用盘子扣住能让其吸饱水分。

漂洗： 换用清水冲洗数遍，挤干水分即可。

注意 腐竹空洞较多，每冲洗一次后要挤干水分，这样才能彻底去除豆腥味。

存储

干燥通风处保存，不能用重物挤压。

腐竹虾米烩菠菜

原料

菠菜 85 克，虾米 10 克，水发腐竹 50 克，姜片、葱段各 5 克

调料

盐、鸡粉各 2 克，生抽 3 毫升，食用油 20 毫升

做法

1. 洗净的菠菜切成段，备用。

2. 热锅注油，烧至五成热，倒入腐竹，搅散，炸至呈金黄色，捞出。

3. 锅底留油烧热，倒入姜片、葱段爆香，放入虾米炒匀，倒入腐竹，翻炒出香味，加入适量清水，加入盐、鸡粉，炒匀调味，用大火略煮片刻，使食材入味。

4. 淋入少许生抽，炒匀上色，用中火煮约 2 分钟，放入菠菜，翻炒片刻，至菠菜熟软入味即可。

腐竹玉米马蹄汤

原料

排骨块 200 克，玉米段 70 克，马蹄 60 克，胡萝卜 50 克，腐竹 20 克，姜片、葱段各 5 克

调料

盐、鸡粉各 2 克，料酒 5 毫升

做法

1. 洗净去皮的胡萝卜切开，再切滚刀块；马蹄洗净去皮，切块；洗好的玉米切段；腐竹泡发，切段。

2. 锅中注入适量清水烧热，倒入洗净的排骨块搅拌匀，余去血水，去除浮沫，捞出排骨，沥干水分，待用。

3. 锅中注入适量清水烧开，倒入余过水的排骨，淋入料酒拌匀。

4. 放入切好的胡萝卜、马蹄，倒入玉米段，拌匀，撒上姜片、葱段。

5. 盖上盖，烧开后用小火煲煮约 1 小时，揭开盖，倒入腐竹，拌匀。

6. 再盖上盖，用小火续煮约 10 分钟，揭开盖，加入少许盐、鸡粉，搅拌匀，至其入味即可。

粉丝

选购秘诀

观外表、摸质感：手感柔韧、有弹性、粗细均匀、无并条、无酥碎的为好。

泡发处理

浸泡：将粉丝放入凉水中，浸泡 20 分钟至软即可。

注意 不要用开水浸泡，以免成品太软烂，烹调易碎，影响菜品的品相。

漂洗：换清水漂洗两遍，轻轻冲洗片刻即可。

注意 此步骤的目的是去除表面一些灰分及杂物。

── 存储 ──

粉丝放入袋中封好口，放在阴凉通风的地方，或者放入干燥的橱柜中常温存储。

咖喱牛肉粉丝汤

🥕 原料

牛腩200克，水发粉丝20克，葱花4克，姜片15克，干辣椒5克，香叶1片

🧂 调料

咖喱粉20克，料酒10毫升，鸡粉、盐各3克，生抽8毫升，老抽4毫升，食用油15毫升

🍳 做法

1. 牛腩洗净，切块，放入冰水中浸泡，去掉多余的血水。

2. 锅中注入清水，放入姜片、牛肉、香叶、干辣椒、料酒煮沸，撇去浮沫，放入生抽、老抽，中小火炖煮至2小时，捞出，晾凉，切片。

3. 牛腩汤加入适量清水煮开，加入咖喱粉、盐、鸡粉拌匀，倒入粉丝稍烫熟，盛出，摆上牛腩片，撒上葱花即可。

豉汁粉丝蒸扇贝

🥕 原料

扇贝 5 只, 粉丝 1 小把, 大蒜 15 克, 朝天椒 20 克, 葱花 10 克

🗄 调料

盐 3 克, 料酒 8 毫升, 生抽 8 毫升, 鱼露 5 克, 芝麻油 6 毫升

🍳 做法

1. 把粉丝放入清水中泡软, 大蒜去皮压成泥, 朝天椒切圈。

2. 将扇贝的外壳掰开, 用刀将扇贝肉取出, 去掉黑色的沙包, 用水洗净, 再在扇贝肉上打上十字花刀; 用刷子把扇贝壳刷净, 铺入粉丝。

3. 把处理好的扇贝肉放入碗中, 倒入料酒腌制 5 分钟, 放在扇贝壳上。

4. 将生抽、鱼露、蒜泥、朝天椒圈、葱花、盐、芝麻油放入碗中搅匀, 制成味汁。

5. 把味汁淋在扇贝上。

6. 蒸锅烧开, 放入扇贝, 用大火蒸 10 分钟, 取出即可。

1 2 3

4 5 6

油面筋

选购秘诀

观外表：

色泽金黄，厚薄均匀，表面光滑，大小匀称的为好。

香菇面筋

🥕 原料

鲜香菇60克，油面筋40克，小油菜50克

🧂 调料

五香粉1克，盐2克，酱油5毫升，豆瓣酱10克，芝麻油10毫升，食用油20毫升

🍳 做法

1. 将鲜香菇洗净去蒂，切片；油面筋从中切开；小油菜洗净，纵剖为两半。

2. 锅中注油烧热，放入香菇煸炒，放入盐和酱油调味，加少许清水，放入油面筋和小油菜。加入五香粉、豆瓣酱搅拌均匀，中火焖3分钟，大火收汁，淋入芝麻油即可。

面筋酿肉

原料

油面筋 30 克，肉末 200 克，生菜叶 20 克，葱花、姜末各 8 克

调料

老抽 11 毫升，生抽 8 毫升，五香粉 2 克，芝麻油 10 毫升，白糖 5 克，料酒 8 毫升

做法

1. 肉馅里拌入适量生抽、芝麻油、葱花、姜末、料酒搅拌均匀，静置 20 分钟。

2. 用筷子在油面筋上方扎一个洞，但不要扎漏，再在内部搅动几下，清出一部分空间。

3. 将肉馅从扎开的洞中慢慢塞入。

4. 锅中注水烧开，放入油面筋。

5. 加入适量生抽、老抽、白糖、五香粉，搅拌均匀。

6. 大火煮开后转小火，煮至汤汁收浓，被面筋完全吸收即可。

第三章

肉类干货

在冰箱发明之前，受条件所限，
人们在冬天很难吃上鲜肉。
于是人们想出了用盐腌制的
方法保存肉类，制成腊味，
这便是时间的味道。

腊肉

泡发处理

浸泡方式一： 可以用淘米水浸泡半小时，如果是老腊肉可以加一勺醋浸泡。

浸泡方式二： 先将腊肉用热水打湿，然后抹上适量食用碱，仔细搓洗，然后用热水冲洗干净。

浸泡方式三： 将清洗干净的腊肉泡进一大盆水里，泡半天，这样能有效去除盐分。还可以将腊肉煮熟，煮的时候多放水，这样能更进一步去掉咸味。

注意 腊肉不适合直接炒，最好先汆煮去除盐分后再炒。

存储

冷冻保存： 将腊肉清洗干净，沥干水分后包上保鲜膜放入冰箱的冷冻室冷冻。这种保存方法适用于所有的腊肉，而且保存的时间最长久。

悬挂保存： 如果室温低于 20℃，而且室内空气中的湿度低于 60%，可以将腊肉悬挂于室内阴凉通风处，这样可以保存 3 个月左右。

西芹炒腊肉

原料

西芹80克，腊肉100克，姜丝5克，
干辣椒3个

调料

盐、鸡粉各1克，料酒、水淀粉各
5毫升，食用油30毫升

做法

1. 洗净的西芹斜刀切小段；干辣椒
   切小段；腊肉切片。

2. 沸水锅中倒入切好的腊肉，氽煮
   一会儿至去除多余盐分和油脂后
   捞出。

3. 热锅注油，倒入姜丝、干辣椒段，
   爆香，放入氽好的腊肉，加入料酒，
   倒入西芹，炒软。

4. 加入盐、鸡粉，翻炒至入味，加
   入水淀粉，翻炒至收汁即可。

腊肉鳅鱼钵

🥕 原料

泥鳅 300 克，腊肉 300 克，紫苏 15 克，剁椒 20 克，葱段、姜片、蒜片各 10 克

调料

鸡粉 2 克，白酒 15 毫升，白糖 3 克，水淀粉 8 毫升，老抽、芝麻油各 5 毫升，豆瓣酱 20 克，食用油适量

🍳 做法

1. 腊肉切片，洗净的泥鳅切一字刀，切成段。

2. 锅中注入适量清水烧开，倒入腊肉，氽煮片刻，关火后捞出氽煮好的腊肉，沥干水分，装入盘中备用。

3. 锅中注油，烧至五成热，放入泥鳅，油炸片刻，至其成金黄色关火，捞出炸好的泥鳅，沥干油，装入盘中待用。

4. 锅底留油，倒入姜片、蒜片、剁椒、腊肉，炒匀。

5. 倒入豆瓣酱、泥鳅，炒匀，倒入白酒，注入适量清水，拌匀，加盖，大火焖 5 分钟至食材熟透，揭盖，加入鸡粉、白糖、老抽，炒匀。

6. 放入紫苏、葱段、水淀粉，炒匀，加入芝麻油，翻炒至入味即可。

腊肠

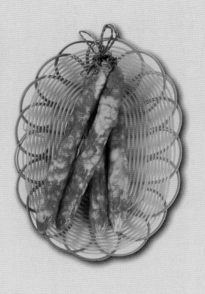

选购秘诀

① **肉眼看色泽：**
腊肠色泽光润、瘦肉粒呈红色或枣红色。

② **切面肥瘦明显：**
切面肉质光滑无空洞、肥瘦分明。

泡发处理

浸泡： 生腊肠处理的时候要用热水泡，之后用温水清洗干净。

注意 腊肠本身含盐量较多，在烹饪的时候要依据个人的口味适量放盐。

存储

熟猪油浸沉保鲜： 将猪油置于锅中熬炼出液状猪油，滤去油渣后倒入装有腊肠的陶罐中，将盖子盖严后置于阴凉、干燥、通风处。腊肠沉入容器底部后，凝固后的猪油不仅能使腊肠避免直接与空气接触而变质，还能阻止腊肠的气味外溢，利于长期保存。

咸干菜夹层保鲜： 先在缸底部垫 3~5 厘米厚的咸干菜，然后将腊肠均匀地排放在咸干菜上，一层腊肠一层咸干菜，最后覆盖 3~5 厘米厚的咸干菜，用厚塑料布封口扎紧，或加盖后置于阴凉干燥处存放即可。

白酒杀菌保鲜： 储藏前，在腊肠表面涂上一层白酒，然后将腊肠放入密封性能良好的容器内，将盖子盖严，置于阴凉干燥通风处即可。

腊味白菜卷

🥕 原料

大白菜 8 片，腊肠 30 克，水发香菇 2 朵，蒜蓉、香葱各 10 克

🧂 调料

盐 2 克，白糖 5 克，食用油 10 毫升

🍳 做法

1. 香菇洗净，沥干水分后切成碎粒；腊肠也切成与香菇同等的碎粒。

2. 锅中注水大火烧开，放入大白菜叶，焯煮 1 分钟，至叶片变软后捞出，沥干水待用。

3. 锅中注油烧至七成热，放入大部分切好的腊肠碎粒、香菇碎粒翻炒 1 分钟，之后加入蒜蓉、白糖、盐调味，爆香成馅料盛出。

4. 摊开一片大白菜叶，取适量爆香的馅料放于白菜叶较窄的一边，然后掀起白菜叶向内卷起，并将两侧叶片折向中间，卷成白菜卷，用葱段系紧，码在盘中。

5. 蒸锅中注入适量的清水烧开，放入盛有白菜卷的盘子，隔水蒸 10 分钟，出锅后撒上剩余的香菇碎、腊肠碎即可。

西葫芦炒腊肠

🥕 原料

西葫芦 230 克，腊肠 85 克，
姜片、葱段各 5 克

🧂 调料

盐 2 克，鸡粉 2 克，水淀粉 5
毫升，食用油适量

🍳 做法

1. 将洗净的西葫芦去皮，对半切开，斜刀切段，
   再改切成片。

2. 腊肠清洗干净后，切成片。

3. 用油起锅，倒入姜片、葱段，爆香。

4. 放入腊肠，翻炒出香味。

5. 加入西葫芦，炒匀，放盐、鸡粉，炒匀。

6. 加少许清水，翻炒至西葫芦熟软，放水淀
   粉勾芡即可。

酱香腊肠土豆片

🥕 原料

土豆230克，腊肠80克，豆瓣酱20克，红椒、青椒各35克，姜片、葱段各8克

🫙 调料

鸡粉2克，蚝油5克，食用油25毫升

🍳 做法

1. 将洗净的青椒切开，去籽，切小块；红椒切开、去籽，切小块。

2. 腊肠切成片；土豆对半切开，切段，改切片。

3. 用油起锅，放入姜片、豆瓣酱，炒香。

4. 加入土豆片炒匀。

5. 再放入腊肠、青椒、红椒，翻炒炒匀。

6. 放入鸡粉、蚝油，炒匀，下葱段，炒匀即可。

金华火腿

注意事项

1. 金华火腿的精华部分在股骨部位（即上腰峰），食用时可从中间斩开，根据食用量斩下，然后进行修割，一定要把发黄的肥膘削除，再修去瘦肉表面氧化的部位后即可食用。

2. 食用时除踵、爪部位外，大多要按横纹切成薄片。

3. 忌用茴香、桂皮、花椒、酱油、米醋等香辛料和调料。

4. 不宜采用红烧、酱制、卤制等方法烧煮。

5. 金华火腿是腌制品，含有一定的盐分，因此烹调制作时，要格外注意菜肴的咸度。

存储

火腿存放时，应先在封口处涂上植物油，以隔绝空气，防止脂肪氧化，再贴上一层食用塑料薄膜，以防虫侵入。也可以将火腿用保鲜膜包扎密封，放冷藏室中冷藏，不宜放冷冻室冷冻。

西芹胡萝卜炒火腿

🥕 原料

西芹 80 克，金华火腿 100 克，胡
萝卜 80 克，姜片少许

🥫 调料

盐、鸡粉各 1 克，料酒、水淀粉各
5 毫升，食用油适量

🍳 做法

1. 洗净的西芹斜刀切小段，胡萝卜
    去皮斜刀切片，金华火腿切片。

2. 沸水锅中倒入切好的金华火腿，
    汆煮一会儿，至去除多余盐分后
    捞出。

3. 热锅注油，倒入姜片，爆香，放
    入金华火腿，加入料酒，炒匀后
    再下西芹，炒香约 1 分钟。

4. 加入盐、鸡粉，翻炒至入味，加
    入水淀粉，翻炒至收汁即可。

腊鸭

选购秘诀

① **肉眼看色泽：** 皮薄，颜色呈金黄半透明，肉质红色的为佳。

② **用手摸：** 以干燥为好，摸着无潮湿感。

注意事项

1.一般来说，嫩的腊鸭会比老的腊鸭好吃，而分辨腊鸭的老嫩，主要是看鸭的皮、嘴：鸭皮起皱、鸭嘴很硬的是老鸭；相反，皮肉光滑、鸭嘴较软的一般是嫩鸭。

2.腊鸭有多种吃法，或与芥兰、大蒜苗同炒，或焖萝卜、黄瓜，皆咸香够味。用来煲汤和粥的多选鸭头颈、掌翼部位，因其骨多肉少又咸味十足。

3.吃腊鸭的时候一定要先将腊鸭氽水，这样除了可去除过多的油脂，还能让腊味中的亚硝酸盐、脂肪等溶于水中，并且煮的时间要长，不要低于30分钟。

—— 存 储 ——

植物油保鲜法： 将腊鸭洗净后沥干水分，浸入植物油中，可保存一年。

白酒保鲜法： 在缸底放上竹架，撒上食盐，将风干的腊鸭腿放入缸内，每层喷一层白酒，最上面一层再撒上盐，盖上牛皮纸，然后用盐水调泥封口，可保存一年。

腊鸭腿炖黄瓜

🥕 原料

腊鸭腿 300 克，黄瓜 150 克，红椒 20 克，姜片 8 克

🧂 调料

盐 2 克，鸡粉 3 克，胡椒粉 3 克，料酒 5 毫升，食用油 30 毫升

🍳 做法

1. 洗净的黄瓜横刀切开，去籽，切成块；洗好的红椒切开，去籽，切成片。

2. 锅中注入适量清水烧开，倒入腊鸭腿，汆煮片刻，关火后捞出汆煮好的腊鸭腿，沥干水分，装入盘中备用。

3. 用油起锅，放入姜片，爆香，倒入腊鸭腿，淋入料酒，炒匀，注入适量清水，倒入黄瓜，拌匀。

4. 加盖，小火炖30分钟至食材熟透，揭盖，倒入红椒，加入盐、鸡粉、胡椒粉，翻炒片刻至入味，盛出即可。

韭菜炒腊鸭腿

🥕 原料

腊鸭腿 1 只，韭菜 230 克，蒜末 5 克

🧂 调料

盐 2 克，鸡粉 2 克，料酒 4 毫升，食用油适量

🍳 做法

1. 腊鸭腿斩件，再斩成丁。

2. 将洗净的韭菜切成段。

3. 锅中注入适量清水烧开，倒入腊鸭腿，煮沸后续煮一会儿，汆去多余盐分，把腊鸭腿捞出，沥干水分待用。

4. 用油起锅，放入蒜末，爆香。

5. 加入鸭腿肉，炒匀，倒入韭菜，翻炒至熟软。

6. 放盐、鸡粉，淋入料酒，炒匀即可。

腊鸡

选购秘诀

① 肉眼看色泽：腊鸡一般以金黄半透明，肉质红色的为佳。

② 用手摸：用手摸着无潮湿感的为好。

注意事项

1.与腊鸭一样，食用时，只需先用热水清洗表面的灰尘，然后再放入开水锅中，汆煮去除盐分即可烹饪。

2.腊鸡吃时先浸泡，降低含盐量，并配以其他新鲜蔬菜炒、煮、蒸，以中和其咸味，尽量不要高温煎炸。并且还要控制好摄入量，建议每人每次摄入50克左右，不要超过100克，一星期最多吃一次，莫图口腹之欲。

3.腊鸡的好坏主要在于制作腊鸡的是土鸡（散养的鸡），还是肉鸡，一般来说，土鸡更好。辨别时看一下鸡腔两旁，如果没有肥油的话即为散养的土鸡，反之则为肉鸡。另外可看一下鸡胸部，如果颜色较深，且脚脖子较细的为土鸡，而脚部发白且比较粗的就是肉鸡。

存储

保存方法与腊鸭一样，在缸底放上竹架，撒上食盐，将风干的腊鸡腿放入缸内，每层喷一层白酒，最上面一层撒些盐，盖上牛皮纸，然后用盐水调泥封口，不要漏气，可保存一年。

腊鸡炖莴笋

🥕 原料

腊鸡块 130 克，去皮莴笋 90 克，
花椒粒 10 克，姜片、蒜片、葱段
各 8 克

调料

料酒、生抽各 5 毫升，盐、鸡粉各
2 克，胡椒粉 3 克，食用油适量

🍳 做法

1. 洗净的莴笋切滚刀块，待用。

2. 锅内放少许油，烧热，放入花椒粒、
   姜片、蒜片、葱段，爆香。

3. 倒入洗好的腊鸡块，炒匀，加入
   料酒、生抽，炒匀。

4. 注入适量清水，拌匀，盖上盖，
   大火炖约 15 分钟至腊鸡块变软，
   揭盖，倒入莴笋块，拌匀，再盖
   上盖，续炖 10 分钟至食材熟透。

5. 揭开盖，加入盐、鸡粉、胡椒粉，
   翻炒均匀，至入味即可。

腊鸡烧土豆

原料

土豆2个，黑木耳适量，腊鸡200克，红椒1个，干辣椒2个，姜片8克

调料

盐1克，生抽5毫升，食用油30毫升

做法

1. 腊鸡用温水浸泡10分钟后洗净斩成块，土豆削皮后切块，黑木耳用凉水泡发，干辣椒切段，红椒切成块。

2. 锅中倒入少许油，烧热后放入姜片和干辣椒段、鸡块一起翻炒。

3. 炒至鸡块肉变色，肉发紧，皮呈透明时倒入土豆块翻炒。

4. 约炒5分钟后，倒入生抽。

5. 放入黑木耳和适量开水，焖煮20分钟。

6. 待土豆熟透时，放入红椒块、少许盐，翻炒均匀后起锅即可。

第四章

水产类干货

因海鲜不利于保存和运输，

海边的渔民便将海鲜晒成干货，

因其具有极高的营养价值，

现已成为餐桌上的高级食材。

虾皮

选购秘诀

① **看体形**：
一般虾身弯曲的质量好，这表明虾皮是用活虾加工的。

② **看颜色**：
色泽鲜艳发亮的虾皮为优质虾皮。

泡发处理

浸泡：将虾皮放在碗中，注入温水泡涨即可。

注意 用凉水发制也可以，但时间较温水长一些。

浸泡：泡发虾皮时还可以加一点白酒去腥。

注意 因虾皮中含有砂粒，故洗时应把虾皮捞出，再换水洗。

── 存 储 ──

淡质虾皮即生虾皮可摊在太阳下，待其干后，装入瓶内；咸质虾皮即熟虾皮，切忌在阳光下晾晒，只能将其摊在阴凉处风干，再装进瓶中即可。

开洋白菜

原料

圆白菜 650 克，泡发好的虾皮 10 克

调料

盐 2 克，鸡精 3 克，食用油 20 毫升

做法

1. 将圆白菜逐层剥开，冲洗干净。

2. 圆白菜每片叶子中间都有一个主要的茎，由于其味道不太好，所以需要将其切掉，将比较大的叶子撕成小片。

3. 锅中放油烧至三四成热，转中火，放入泡好的虾皮，慢慢煸出香味。

4. 转大火，放入圆白菜，大火翻炒，放入盐和鸡精，炒匀调味，至圆白菜软熟即可。

虾皮韭菜炒香干

🥕 **原料**

韭菜 130 克，香干 100 克，彩椒 40 克，水发虾皮 20 克，白芝麻、蒜末各 8 克

🧂 **调料**

盐 2 克，鸡粉 2 克，料酒 10 毫升，生抽 3 毫升，水淀粉 4 毫升，食用油适量

🍳 **做法**

1. 香干切成条；洗好的彩椒去籽，切成条；择洗干净的韭菜切成段。
2. 锅注油烧热，倒入香干炸香，捞出。
3. 锅底留油，放入蒜末爆香，倒入虾皮、彩椒、料酒、韭菜、香干，加入盐、鸡粉、生抽、水淀粉翻炒均匀，盛出，撒上白芝麻即可。

虾皮花蛤蒸蛋

🥕 **原料**

鸡蛋 2 个，水发虾皮 20 克，蛤蜊 100 克，葱花 5 克

🧂 **调料**

盐 1 克，鸡粉 1 克，黑胡椒粉 3 克

🍳 **做法**

1. 取一个大碗，打入鸡蛋，倒入蛤蜊、虾皮，加入盐、鸡粉、黑胡椒粉，快速搅拌均匀，注入适量温开水，快速搅拌均匀，制成蛋液。
2. 蒸锅烧开，放入蒸碗，盖上锅盖，用中火蒸约 10 分钟，揭开锅盖，取出蒸碗，撒上葱花即可。

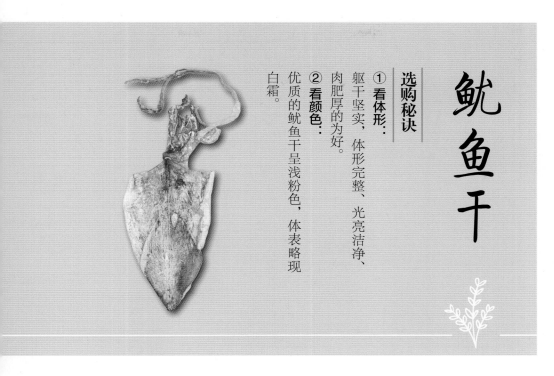

鱿鱼干

选购秘诀

① **看体形：** 躯干坚实，体形完整、光亮洁净、肉肥厚的为好。

② **看颜色：** 优质的鱿鱼干呈浅粉色，体表略现白霜。

泡发处理

浸泡方式一： 将鱿鱼干放在小碗内，加入清水浸泡约数小时至回软后，清洗干净。

浸泡方式二： 将鱿鱼放入碗中，注入温水，放入适量食用碱，大约 100 毫升的水放入 5 克食用碱，浸泡数小时，见鱿鱼由淡黄色转玉白色，质糯而富有弹性即为发好。

存储

可直接放置在阴凉避光通风处保存，也可放入冰箱冷冻。

香辣鱿鱼虾

原料

虾6只，水发鱿鱼150克，朝天椒2根，洋葱100克，青椒80克，花椒3克，姜片、蒜片、葱段各5克

调料

生抽5毫升，盐2克，料酒5毫升，水淀粉8毫升，剁椒酱10克，食用油30毫升

做法

1. 鱿鱼泡发，洗净，改十字花刀。

2. 虾去虾线，洋葱切片，青椒切片，朝天椒切小圈。

3. 锅中放入食用油，烧热，放入朝天椒圈、花椒、剁椒酱、姜片、葱段、蒜片，炒出香味。

4. 再放入鱿鱼，翻炒上色。

5. 再放入虾、青椒、洋葱，翻炒均匀。

6. 再倒入生抽、料酒、盐调味，最后淋入水淀粉，翻炒收汁即可。

苦瓜爆鱿鱼

🥕 **原料**

苦瓜 200 克，水发鱿鱼 120 克，红椒 35 克，姜片、蒜末、葱段各 8 克

🧂 **调料**

盐 3 克，鸡粉 2 克，生抽 4 毫升，料酒 5 毫升，水淀粉 8 毫升，食用油适量

🍳 **做法**

1. 将洗净的苦瓜切开去籽后切片；洗好的红椒切小块；泡发好的鱿鱼肉打上花刀后切小块，装入碗中，加入少许盐、鸡粉，淋入适量料酒，拌匀，腌渍约 10 分钟，至食材入味。

2. 用油起锅，倒入红椒块，放入姜片、蒜末、葱段，爆香，倒入鱿鱼，翻炒片刻，淋入少许料酒，炒香、炒透，再倒入苦瓜，炒匀，加入盐、鸡粉，淋入少许生抽，炒匀调味。

3. 倒入适量水淀粉，翻炒一会儿，至食材熟透、入味即成。

银鱼干

选购秘诀

银鱼干品以鱼身干爽、色泽自然明亮者为佳品。

泡发处理

浸泡方式一：将银鱼干放在碗中，注入适量温水，浸泡数小时至回软。

注意 泡发好的小银鱼干最好放在冰箱的冷藏室保存。

浸泡方式二：将银鱼干放在碗中，注入适量温水，再加入少许白酒，浸泡至完全涨发，再用凉水反复冲洗几遍。

注意 用加有白酒的水泡制，可以去除银鱼干的腥味。

存储

将银鱼干放入密封袋，放在干燥处存放即可。

椒盐银鱼

原料

银鱼干 120 克, 朝天椒 15 克,
蒜末、葱花各 8 克, 生粉 10 克

调料

盐 1 克, 鸡粉 2 克, 吉士粉 8 克,
料酒、辣椒油各 5 毫升, 五香
粉 5 克, 食用油适量

做法

1. 洗净的朝天椒切圈, 备用。

2. 将银鱼干放入加有温水的碗中, 浸泡约 5
   分钟, 至其变软, 捞出, 沥干水分, 放入碗中,
   加少许盐、吉士粉, 拌匀, 撒上少许生粉,
   拌匀待用。

3. 热锅注油, 烧至三四成热, 放入银鱼干,
   炸至金黄色后捞出, 备用。

4. 用油起锅, 倒入蒜末, 放入朝天椒圈, 爆香。

5. 放入炸好的银鱼干, 加入适量料酒、盐、
   鸡粉、五香粉, 炒匀炒透。

6. 撒上葱花, 炒出葱香味, 淋入少许辣椒油,
   炒匀即可。

杭椒炒小银鱼

🥕 原料

杭椒 3 个，水发小银鱼 40 克，红朝
天椒圈 20 克

🧂 调料

料酒 5 毫升，生抽 8 毫升，食用油
15 毫升

🍳 做法

1. 洗净的杭椒去蒂，待用。

2. 热锅中倒入食用油烧热，放入红朝
   天椒圈，倒入泡发好的小银鱼，翻
   炒匀。

3. 倒入杭椒，压扁，翻炒，淋入料酒、
   生抽，翻炒调味。

4. 关火后将炒好的菜肴盛出装入盘中
   即可。

鲍鱼

选购秘诀

① **看肥厚**：鲍鱼以身形肥厚，较有弹性者为佳。

② **身形完整**：鲍鱼以身形完整，呈椭圆形，且边缘无缺损或歪斜的为佳。

泡发处理

浸泡：将鲍鱼放在盆中，加入凉水浸泡。由于鲍鱼有大有小，其浸泡时间也就有所不同。个大的3~6头鲍鱼泡约30小时，体小的像南非鲍鱼泡约18小时。

注意 判断鲍鱼是否泡好的鉴别方法是用手捏，有弹性且裙边自然散开即可。

去砂：将浸透的鲍鱼放在清水中，用牙刷把裙边和内侧的污垢、砂粒刷洗干净，再用剪刀剪去鲍鱼的硬蒂。

存储

用塑料袋、报纸或者塑胶袋完整包裹密封好存放于干燥处。

鲍丁小炒

原料

泡发好的鲍鱼165克，彩椒100克，蒜末、葱末各8克，西蓝花100克

调料

盐2克，料酒6毫升，食用油适量

做法

1. 干鲍鱼切丁，氽水；鲍鱼壳刷洗干净；洗净的彩椒切丁；西蓝花焯水。
2. 用油起锅，倒入蒜末、葱末，爆香，放入彩椒丁、鲍鱼肉丁炒匀，淋入少许料酒，炒出香味。
3. 加入少许盐，炒匀，盛入鲍鱼壳中，摆放上西蓝花即可。

鲜虾烧鲍鱼

原料

净基围虾180克，泡发好的鲍鱼100克，西蓝花100克，葱段、姜片各少许

调料

海鲜酱25克，盐2克，蚝油5克，料酒5毫升，水淀粉、食用油各适量

做法

1. 鲍鱼肉、净基围虾、西蓝花焯水。
2. 砂锅注油烧热，放姜片、葱段、海鲜酱、鲍鱼肉炒匀，加入清水、料酒，烧开后小火煮1小时。
3. 倒入基围虾、蚝油、盐，小火煮5分钟，倒入水淀粉勾芡即可。

海蜇

选购秘诀

① 看颜色：
优质海蜇皮呈白色或淡黄色，有光泽感，无红斑、红衣和泥沙。

② 看肉质：
质量好的海蜇皮薄，而且坚韧不脆。

泡发处理

浸泡： 将干海蜇放在盆中，加入清水泡数小时至柔软即可。

 注意 当干海蜇稍泡软，就应取出来去砂，如果泡得过透，海蜇上面的砂粒不易除干净。

去砂： 将泡软的海蜇反复用清水搓洗，去除砂粒。处理好的海蜇一时吃不完，可浸泡在盐水中。

注意 如在夏天，要放在冰箱冷藏室保存，并且时间不宜过长。

存储

干海蜇要放在通风处保存，以免受潮。

芝麻苦瓜拌海蜇

🥕 原料

苦瓜 200 克，水发海蜇 100 克，彩椒 40 克，熟白芝麻 10 克

🍶 调料

鸡粉 2 克，白糖 3 克，盐 2 克，陈醋 5 毫升，芝麻油 2 毫升，食用油适量

🍳 做法

1. 洗净的苦瓜对半切开，去籽，用刀切成条；洗净的彩椒切条；海蜇切成细丝。

2. 锅中注入适量清水烧开，倒入洗净的海蜇，搅散，放入适量食用油，煮 1 分钟；加入苦瓜，再放入彩椒，拌匀，煮 1 分钟，至其断生，捞出焯煮好的食材，沥干水分。

3. 把焯过水的食材装入碗中，放入适量盐、鸡粉、白糖，淋入陈醋、芝麻油，拌匀调味，装盘，撒上白芝麻即可。

麻酱鸡丝海蜇

🥕 原料

水发海蜇 160 克，熟鸡肉 75 克，黄瓜 55 克，大葱 35 克

调料

芝麻酱 12 克，盐、鸡粉、白糖各 2 克，生抽 5 毫升，陈醋 10 毫升，辣椒油、芝麻油各 5 毫升

🍴 做法

1. 洗净的大葱切粗丝，洗好的黄瓜切条形，把熟鸡肉切条形，海蜇切成细丝。

2. 将海蜇丝放入热水锅中煮约 1 分钟后捞出备用。取一个小碗，加入芝麻酱、盐、生抽、鸡粉、白糖，再淋入辣椒油、芝麻油、陈醋，拌匀，制成味汁，待用。

3. 取一个盘子，放入切好的大葱、黄瓜，摆好，再摆放上鸡肉丝，倒入备好的熟海蜇丝，浇上味汁即成。

海参

选购秘诀

海参以体形大，肉质厚，体内无砂者为上品。

泡发处理

浸泡： 先用开水将海参浸泡12小时，中间换两次开水，待浸泡回软后，剖开腹部，去除内脏和杂物，洗净。

注意 泡发海参时所用的容器不能用铁制或铜制的。海参发到五成软时，即可剖腹去内脏和杂物。如果等到海参完全涨发好了才取内脏，则很容易把海参弄碎。

漂洗： 将发好的海参用清水反复漂洗几遍，换清水浸泡，备用。

注意 泡发海参时一定不能沾油，否则易化开。

— 存储 —

干海参最好放在密封的木箱中，防潮。

葱烧海参

原料

水发海参 2 条，大葱 1 棵，姜片、
蒜末、葱白各 10 克

调料

盐、蚝油各 5 克，鸡粉 6 克，白糖
3 克，料酒 10 毫升，老抽、水淀
粉各 5 毫升，食用油适量

做法

1. 把洗净的大葱切成约 3 厘米长的
   段，备用。

2. 洗净的海参对半切开，切成段，
   再改切成小块。

3. 用油起锅，倒入大葱，用大火爆
   炒出香味，再放入姜片、蒜末、
   葱白，翻炒均匀。

4. 倒入海参，淋入料酒，炒匀，转
   小火，加入盐、鸡粉、白糖，淋
   入老抽，再注入少许清水，拌匀，
   煮沸。

5. 放入蚝油，拌匀入味，转大火收
   干汤汁，淋入少许清水，炒匀，
   倒入少许水淀粉，炒匀收汁即可。

第五章

干果及豆制品

在饮食界中，

五谷杂粮就像一位"大家长"，

发挥着举足轻重的作用。

它除了为人们提供主食外，

还能加工成零食、糕点，

丰富我们的饮食生活。

绿豆

注意事项

浸泡：将绿豆装入干净的容器里，注入适量清水，浸泡约 4 个小时直至变软即可。如果是在气温较低的冬天，可以将绿豆装入保温瓶中，再注入温水，大约泡发半个小时即可。

漂洗：用清水直接冲洗掉表层的浮沫即可。如果担心浮沫清除不完全，可以将绿豆倒在漏勺上，再放在流水下冲洗干净。

烹饪指南：未煮烂的绿豆腥味强烈，食用后易引起恶心、呕吐。绿豆也不宜煮得过烂，以免使其中的有机酸和维生素遭到破坏，降低清热解毒作用。

生活妙招：烹制羊肉时，每 1 千克羊肉放 5 克绿豆，煮沸 10 分钟后，将水和绿豆一起倒出。这样煮出的羊肉不但膻味全除，吃起来也更香嫩可口。

存储

将绿豆盛装在小布袋中，扎上口，系紧，吊在干燥、通风的地方，经常拿到户外晒晒太阳，这样就不容易被虫蛀了。

南瓜绿豆汤

🥕 **原料**

水发绿豆 150 克，南瓜 180 克

🥫 **调料**

盐、鸡粉各 2 克

🍳 **做法**

1. 将洗净去皮的南瓜切小块。
2. 砂锅中注入适量清水烧开，放入洗净的绿豆，盖上盖，煮沸后用小火煮约 30 分钟，至绿豆熟软，揭开盖，倒入南瓜，再盖上盖，用小火续煮约 20 分钟，至全部食材熟透。
3. 取下盖子，搅拌一会儿，再调入盐、鸡粉，略煮至食材入味即可。

苦瓜煲绿豆汤

🥕 **原料**

苦瓜 500 克，水发绿豆 120 克，生姜 3 片

🥫 **调料**

盐适量

🍳 **做法**

1. 苦瓜洗净，切菱形块。
2. 在砂煲内加入 2500 毫升清水，放入绿豆和生姜片，大火煮沸，加盖，转小火，煮 2 小时。
3. 揭盖，放入苦瓜，加盖，煮 30 分钟。
4. 揭盖，调入盐即可。

绿豆冬瓜海带汤

🥕 **原料**

冬瓜 350 克，水发海带 150 克，水
发绿豆 180 克，姜片少许

🧂 **调料**

盐 2 克

🍳 **做法**

1. 洗净的冬瓜切块；泡好的海带切块。

2. 砂锅注水烧开，倒入切好的冬瓜，
   放入切好的海带，加入泡好的绿豆，
   倒入姜片，拌匀。

3. 加盖，用大火煮开后转小火续煮 2
   小时至熟软。

4. 揭盖，加入盐，拌匀调味，关火盛出。

红豆

注意事项

浸泡：加清水盖过红豆，浸泡一晚上（约 8 小时）至泡涨。最好是用凉水来浸泡红豆，因为热水烫后其表皮会形成一层黏膜，阻止水分进入，更加不易泡透。

漂洗：泡过的红豆直接用清水冲洗几遍，直至干净为止。控制好浸泡的时间，发现变软即可清洗，浸泡太久会造成营养流失和破坏。

预处理：料理前红豆要用凉水浸泡 4 小时以上。此外，不要使用铁锅来煮红豆，以免花色素与铁结合后变成黑色。

食用禁忌：红豆具有一定的药性，进入身体之后具有很好的利尿消肿以及促进心脏活性的功效。但是，如果在红豆的烹饪过程中加入盐，那么不但不能提高药效，甚至还会降低药效。

存储

红豆用有盖的容器装好，放于阴凉、干燥、通风处保存为宜。

红枣补血养颜粥

🥕 **原料**

红枣 50 克，红豆 50 克，紫米 30 克，花生 50 克，大米 30 克

📋 **调料**

红糖 20 克

🍳 **做法**

1. 将红豆、紫米、大米和花生洗净，用清水浸泡；红枣洗净。
2. 将泡好的红豆、紫米、大米、花生、红枣倒入电饭锅中，倒入适量清水，盖上盖子，按下按键"粥"，自动开始煮制。
3. 粥熬好后，调入红糖食用即可。

红豆香蕉椰奶

🥕 **原料**

水发红豆 230 克，香蕉 1 根，椰奶、豆浆各 100 毫升

📋 **调料**

蜂蜜 3 克，椰子油 8 毫升

🍳 **做法**

1. 香蕉去皮，切片；红豆倒入锅中，注水，小火煮 1 小时，捞出。
2. 取一个碗，倒入椰奶、豆浆、蜂蜜、椰子油、熟红豆拌匀，制成红豆椰奶汁。
3. 将香蕉片平铺在碗底，倒入红豆椰奶汁即可。

黄豆

选购秘诀

① **用牙齿咬一下**：发音清脆、呈碎粒状，说明黄豆干燥、质量好。

② **用手捏一捏**：优质的黄豆手感硬，而且十分饱满。

注意事项

浸泡： 一般室温 20 ～ 25℃下用清水浸泡 12 小时，就可以让黄豆充分吸水泡涨。黄豆浸泡的时间不可小视，因豆皮上有一层脏物，如果泡发时间太短，会影响成品的口感以及营养吸收率。

漂洗： 将泡好的黄豆捞出，装碗，过两遍清水即可。也可以清洗黄豆后再泡发，这样泡好后就可以直接使用了。

烹饪指南： 黄豆通常有一种豆腥味，很多人不喜欢。如果在炒黄豆时，滴几滴黄酒，再放入少许盐，这样豆腥味会少得多。或者在炒黄豆之前用凉盐水洗一下黄豆，也可达到同样的效果。

食用禁忌： 黄豆在消化吸收过程中会产生过多的气体，导致肚子胀气，故消化功能不良、有慢性消化道疾病的人应尽量少食。

—— 存储 ——

把黄豆晒干，然后把黄豆装进瓶子里，再放几粒大蒜，最后把瓶子盖紧，这样可以存放半年以上。

雪里蕻肉末炒黄豆

原料

雪里蕻 200 克，水发黄豆 100 克，肉末 100 克，干辣椒、葱末、姜末各 5 克

调料

橄榄油、料酒、生抽、老抽、芝麻油各少许

做法

1. 雪里蕻洗净切丁；沸水锅中放入水发黄豆，中火煮 5 分钟后捞出。
2. 肉末加料酒、老抽、生抽、橄榄油搅匀，腌渍 5 分钟，放入油锅炒变色。
3. 重新起油锅，爆香干辣椒、葱末、姜末，倒入雪里蕻煸炒 3 分钟，放入黄豆、生抽、清水，煮至汤收干，加入肉末炒匀，淋入芝麻油即可。

醉黄豆

原料

水发黄豆 500 克，水发花生、芹菜、朝天椒各适量

调料

盐 4 克，白酒 5 毫升，白糖 3 克，鲜贝露、香醋各 2 毫升，芝麻油少许

做法

1. 朝天椒洗净剁末；芹菜去叶留茎，切小段，焯水，浸凉；黄豆、花生放沸水锅中，煮至熟透，捞出，浸凉。
2. 将西芹、黄豆、花生放入碗里，加入盐、芝麻油、鲜贝露、白酒、白糖、香醋拌制均匀即可食用。

韭菜黄豆炒牛肉

🥕 原料

韭菜 150 克，水发黄豆 100 克，牛肉 300 克，干辣椒少许

调料

盐 3 克，鸡粉 2 克，水淀粉 4 毫升，料酒 8 毫升，老抽 3 毫升，生抽 5 毫升，食用油适量

🍳 做法

1. 锅中注水烧开，倒入洗好的黄豆，煮至断生，捞出沥水。

2. 洗好的韭菜切段，洗净的牛肉切丝。

3. 将牛肉装入盘中，放入盐、水淀粉、料酒，搅匀，腌渍 10 分钟至其入味。

4. 热锅注油，倒入牛肉丝、干辣椒，翻炒至变色，淋入少许料酒，放入黄豆、韭菜。

5. 加入少许盐、鸡粉，淋入老抽、生抽，炒匀至食材入味。

6. 关火后将炒好的菜肴盛入盘中即可。

薏米

选购秘诀

① 尝味道：
上佳的薏米味道甘甜或微甜，口感清淡。

② 观看颜色：
好的薏米颜色一般呈白色或黄白色，色泽均匀，带点粉性，非常好看。

注意事项

浸泡：薏米装碗，倒水没过薏米，浸泡 4 个小时左右至稍稍涨发即可用于烹饪。将薏米提前洗净再浸泡，这样泡过的薏米水还可以直接使用，减少了营养流失。

漂洗：泡好的薏米直接过一遍清水即可。

食用禁忌：因为薏米会使身体冷虚，虚寒体质不适宜长期服用，怀孕妇女及正值经期的妇女应该避免食用。

生活妙招：薏米用矿泉水泡 2 个小时，然后将面膜纸泡入薏米水中，敷 5 ~ 10 分钟，可以使肌肤一整天都不出油。

存储

薏米可以用小袋子分装保存，再放入冰箱冷藏。

薏米南瓜汤

🥕 原料

南瓜 150 克，水发薏米 100 克，金华火腿 15 克，葱花少许

🍱 调料

盐 2 克

🍳 做法

1. 洗净去皮的南瓜切片，火腿切片，将切好的食材摆入蒸碗内。
2. 薏米小火煮 2 小时，盛出装碗；在南瓜和火腿片上撒盐，倒入薏米汤。
3. 蒸锅中注水烧开，放入蒸碗，用大火蒸 25 分钟至熟透，取出蒸碗，撒上葱花即可。

红枣薏米鸭肉汤

🥕 原料

水发薏米 100 克，红枣少许，鸭肉块 300 克，高汤适量

🍱 调料

盐 2 克

🍳 做法

1. 锅中注水烧开，放入洗净的鸭肉煮 2 分钟，汆水，捞出过凉水。
2. 另起锅，加高汤烧开，加入鸭肉、薏米、红枣，拌匀，大火煮开后调至中火，炖 3 小时至熟透。
3. 加入适量盐搅拌均匀，至食材入味，盛出装碗即可。

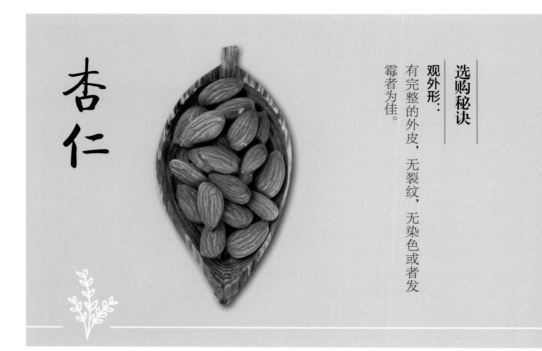

杏仁

选购秘诀

观外形：有完整的外皮，无裂纹，无染色或者发霉者为佳。

注意事项

漂洗： 杏仁无需清洗，可直接食用。

营养价值： 杏仁的营养价值很高，某些营养物的含量比同重量的牛肉高6倍。仁内含植物油、蛋白蛋、淀粉、糖，并含有少量维生素A、消化酶、杏仁素酶、钙、镁、钠、钾等。每日睡觉前细嚼十余粒，开水冲下，长期食用，夜间能熟睡无梦，身体抵抗力显著增强，保持身强体壮。

适宜人群： 常年处于低温环境工作的人吃杏仁有很好的滋补功效，还有处于高原环境的人群、潜水员、母婴、儿童、青少年、老人、更年期妇女、久病体虚人群食用杏仁也很有益处。

食用禁忌： 虽然杏仁的营养价值高，但也不能因为营养价值高，就过多食用，否则容易引起食物中毒。

存储

有硬壳的杏仁，能自然保存较长时间。去壳杏仁要放在密封的容器里保存，避免潮湿，尽量放在干燥避光的地方。

椰丝怪味杏仁

🥕 **原料**

大杏仁200克，椰丝100克

🍲 **调料**

白糖100克，盐3克，辣椒酱6克，
辣椒粉2克，花椒粉1克

🍳 **做法**

1. 锅中倒水，加入白糖、盐搅匀，煮开，
   直到水冒大气泡，倒入辣椒酱搅匀，
   放入辣椒粉、花椒粉、大杏仁，搅匀，
   使甜辣汁均匀地包裹在杏仁上。
2. 撒入椰丝，搅匀，让椰丝也均匀地
   包裹在杏仁外面，盛出即可。

焦糖杏仁

🥕 **原料**

大杏仁100克，彩色糖粒5克

🍲 **调料**

白糖60克

🍳 **做法**

1. 将凉水和白糖放入锅中，中火加热，
   待水的边缘呈现淡黄色，转动一下
   锅，一直熬煮到液体呈棕红色，并
   能闻到焦糖味时关火，迅速向焦糖
   中浇入20克热开水，即成焦糖液。
2. 将杏仁放入焦糖液中，沾满焦糖液
   后夹出，装盘，撒上彩色糖粒即可。

核桃

选购秘诀

① **用手掂重量：** 拿一个核桃掂掂重量，轻飘飘的没有分量，多数为空果、坏果。

② **看颜色：** 果仁仁衣色泽以黄白为上品，暗黄为次品。

注意事项

浸泡： 一般生的核桃仁洗净即可用来烹饪，熟核桃仁就不需要用水泡了，以免影响口感。

禁忌： 肠胃发炎、拉肚子者不要食用。一次不可食用太多，以免腹泻。

烹饪指南： 吃核桃时，建议不要将核桃仁表面的褐色薄皮剥掉，因为这样会损失一部分营养。核桃可生食，也可凉拌、炒菜、煲煮、油炸或烤。

巧取核桃壳： 先把核桃放在蒸屉内蒸上 3 ~ 5 分钟，取出，将蒸好的核桃放入凉水中浸泡 3 分钟，捞出来用锤子在核桃四周轻轻敲打，破壳后就能取出完整核桃仁。

存储

带壳的核桃可以在风干之后放在干燥处保存。核桃仁则需放入密封容器中，再放在冰箱冷藏室内保存。

核桃花生双豆汤

🥕 原料

排骨块 155 克，核桃 70 克，水发
赤小豆 45 克，水发花生米 55 克，
水发眉豆 70 克

🧂 调料

盐 2 克

🍳 做法

1. 锅中注水烧开，放入洗净的排骨
   块，汆煮片刻后捞出。

2. 砂锅中注水烧开，倒入排骨块、
   眉豆、核桃、花生米、赤小豆，
   拌匀。

3. 加盖，大火煮开后转小火煮 3 小
   时至熟。

4. 揭盖，加入盐，稍稍搅拌至入味，
   关火后盛出煮好的汤，装入碗中
   即可。

核桃嫩炒莲藕

🥕 原料

去皮莲藕 150 克，朝天椒 6 克，
核桃仁 20 克

🧂 调料

生抽 3 毫升，料酒 3 毫升，椰
子油 5 毫升，味醂 3 毫升

🍳 做法

1. 莲藕对半切开，切成薄片；核桃仁切碎；
   洗净的朝天椒切去头尾，切成圈，待用。

2. 热锅注入椰子油烧热，倒入朝天椒，爆香。

3. 倒入莲藕，炒匀。

4. 注入适量的清水，倒入核桃碎。

5. 加入生抽、味醂、料酒。

6. 充分拌匀至入味，盛出装碗即可。

腰果仁

选购秘诀

① 观外形：
选购腰果时要尽量选择完整月牙形的腰果，果仁看起来饱满圆润。

② 用手摸表面：
用手轻捏腰果，如果感到黏手，则说明腰果受潮，新鲜度不够。

注意事项

预处理： 买回来的腰果要先烘烤或以锅炒至上色。

营养价值： 腰果富含脂肪、蛋白质、维生素 A、不饱和脂肪酸及钙、镁、铁、钾等多种矿物质。

食用禁忌： 腰果含油脂丰富，故不适合胆功能严重不良者，肠炎、腹泻患者和痰多患者食用。腰果含的脂肪酸属于良性脂肪酸的一种，虽不易使人发胖，但仍不宜食用过多，肥胖的人更要慎用。腰果含有多种过敏原，过敏体质的人吃腰果，可能会产生一定的过敏反应。

食用方式： 腰果既可当零食食用，又可制成美味佳肴，果仁多用于制腰果巧克力、点心、油炸和盐渍食品。也可煮粥、入菜，如腰果虾仁。

存储

将腰果存放在容器内，摆放在阴凉、通风处，避免阳光直射，而且应尽快食用完毕。

腰果炒玉米粒

🥕 **原料**

黄瓜、胡萝卜、玉米粒各 100 克，
腰果 30 克，姜末、蒜末、葱段各
少许

🍱 **调料**

盐 3 克，鸡粉 2 克，料酒 5 毫升，
水淀粉少许，食用油适量

🍳 **做法**

1. 洗好的黄瓜切丁，洗净的胡萝卜
   切丁。

2. 热锅注油烧至三四成热，放入腰
   果炸至呈微黄色，捞出。

3. 锅中注水烧开，放入少许盐，倒
   入胡萝卜、黄瓜，放入玉米粒，
   拌匀，煮约 1 分钟至其断生，捞
   出装盘。

4. 用油起锅，爆香姜末、蒜末、葱段，
   倒入焯过水的胡萝卜、黄瓜、玉
   米粒，炒匀，加入盐、鸡粉、料酒，
   炒匀，用水淀粉勾芡即可。

腰果西芹炒虾仁

🥕 原料

腰果 80 克，虾仁 70 克，西芹 150 克，蛋清 30 克，姜末、蒜末各少许

🧂 调料

盐 3 克，水淀粉 5 克，料酒 5 毫升，食用油 10 毫升

🍳 做法

1. 西芹切小段；虾仁用盐、蛋清拌匀。

2. 锅中注油，倒入蒜末、姜末爆香。

3. 放入腰果，小火煸炒至腰果微黄。

4. 倒入虾仁，加入少许料酒去腥，翻炒约 2 分钟至转色。

5. 放入西芹，翻炒至西芹变软。

6. 加入盐，翻炒均匀后淋入水淀粉，炒至收汁，盛出即可。

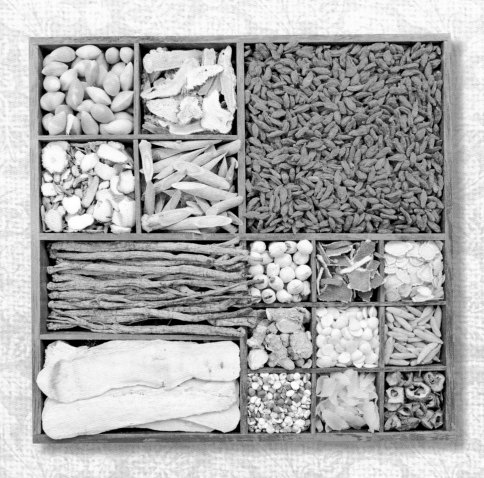

第六章

药材类干货

用药材烹饪，

除了要掌握每一种药材的特性以外，

对于它搭配的食材也必须有所了解，

只有搭配对了，

才能起到滋补身体的功效。

莲子

选购秘诀

肉眼看色泽：好的莲子会有一点泛微黄，还有些皱皱的；有的莲子也会有残留的一点红皮。

泡发处理

浸泡：碗中放入热水，将莲子放入其中，再放入食用碱搅匀，浸泡10分钟后，再捞出换干净的热水。

注意 莲子发制时，不能用净水浸泡或用凉水下锅，否则有硬心，煮不烂。

漂洗：将莲子在水中浸泡一段时间，再来回搓洗莲子，用清水冲净即可。

注意 用牙签对准莲子上方端的孔把芯捅掉，再去掉莲子外层薄膜，可以去掉苦芯又保持莲子完整不分开。

— 存储 —

莲子很容易受潮变质，在储存莲子的时候要将储存莲子的容器密封好，再将封好的莲子放在阴凉干燥的地方。

蒸红袍莲子

🥕 原料

水发莲子 80 克，大枣 150 克

🧂 调料

白糖 3 克，水淀粉 5 毫升，食用油 10 毫升

🍳 做法

1. 大枣用剪刀剪开，去除枣核，将泡发好的莲子放入大枣中，按此方法将剩余的莲子放入大枣中，即成红袍莲子，装入盘中，再放入少量温开水，待用。

2. 蒸锅上火烧开，放上红枣，盖上锅盖，中火蒸 30 分钟至熟软，掀开锅盖，取出红枣。

3. 将盘中的汁液倒入锅中，烧热后加入少许白糖、食用油，倒入少许水淀粉，调成糖汁，浇在红枣上即可。

莲子百合栗子煲鸡爪

🥕 原料

水发莲子 30 克，百合 25 克，栗子肉 60 克，鸡爪 150 克，生姜 10 克

🧂 调料

盐 3 克，料酒 10 毫升

🍳 做法

1. 鸡爪洗净，剁去趾甲；生姜切片。

2. 锅中注入适量清水烧开，放入鸡爪，淋入料酒，煮 3 分钟，捞出。

3. 锅中注入适量清水，放入姜片、鸡爪、莲子、百合、栗子肉，大火烧开，加盖，转小火煲 2 小时，揭盖，调入盐，拌匀即可。

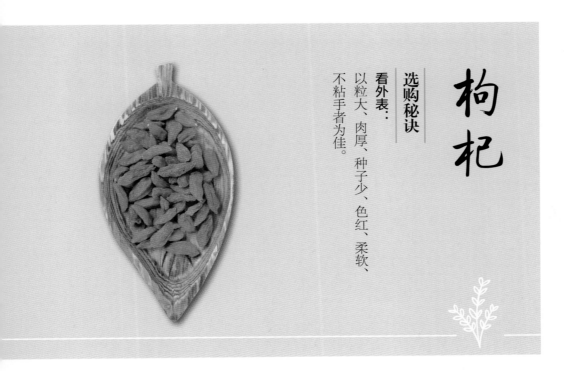

枸杞

选购秘诀

看外表：以粒大、肉厚、种子少、色红、柔软、不粘手者为佳。

注意事项

浸泡：直接将枸杞泡入凉水中即可。

食用量：一般来说，健康的成年人每天吃 20 克左右的枸杞比较合适，如果想起到辅助治疗某些疾病的效果，每天可以吃 30 克左右。

禁忌：枸杞虽然具有很好的滋补和治疗作用，但也不是所有人、所有季节都适合服用。在夏季，还有阴虚体质的人应该注意枸杞的摄入量。因为枸杞性甘、温和，用量过度能造成上火，尤其是生吃时更应减少用量。由于它温补身体的效果相当明显，正在感冒发烧、身体有炎症、腹泻的人最好别吃。

常用搭配：枸杞搭配菊花，枸杞能养肝明目，而菊花善清肝热，能增强枸杞明目的功效，使养肝与清肝共用。阴虚内热扰目的患者平日可用二者相配泡茶饮用。

存储

置阴凉干燥处，防闷热、防潮、防蛀。

枸杞烧豌豆

原料

豌豆 200 克，枸杞 20 克，生姜、葱白各 5 克

调料

盐、鸡粉各 2 克，食用油 10 毫升

做法

1. 生姜去皮，切片；葱白切段。

2. 热锅注油，倒入姜片、葱白，稍稍爆香。

3. 注入适量清水。

4. 倒入洗净的豌豆。

5. 放入枸杞，加盖，用大火煮开后转小火续煮 30 分钟至食材熟软。

6. 揭盖，加入盐、鸡粉，拌匀，稍煮片刻至入味收汁，关火后盛出菜肴，装盘即可。

虫草花枸杞翠玉瓜炒肉片

🥕 原料

翠玉瓜 80 克，瘦肉 150 克，
虫草花 20 克，枸杞 10 克，蒜
末 5 克，高汤 100 毫升

🧂 调料

生抽 5 毫升，胡椒粉 2 克，盐
2 克

🍳 做法

1. 翠玉瓜去皮，切片。

2. 枸杞与虫草花一起浸入水中，备用。

3. 瘦肉切片，加入胡椒粉、生抽、少许盐拌匀，
   腌渍片刻，备用。

4. 起油锅，倒入蒜末爆香，放入腌渍好的瘦肉，
   爆炒至转色。

5. 加入翠玉瓜、枸杞、虫草花、高汤，炒至
   翠玉瓜熟透。

6. 加入剩余盐调味即可。

淮山

选购秘诀

看外表：以条粗、质坚实、粉性足、色洁白者为最佳。

注意事项

浸泡： 直接将淮山片泡入凉水中即可。

适宜人群： 适宜糖尿病患者、腹胀患者、病后虚弱者、慢性肾炎患者、长期腹泻者食用。

禁忌： 淮山与甘遂不要一同食用，也不可与碱性药物同服。淮山有收涩的作用，故大便燥结者不宜食用。

区分淮山与木薯片： 淮山中间没有心线，而木薯片中间有心线。有的木薯片因为削得薄，晒干后，心线往往会掉出去，会留下一个小洞。如中间有小洞，一定是木薯片。淮山含淀粉很多，用手摸时，感觉比较细腻，会有较多的淀粉粘在手上。木薯片虽然含淀粉量也很大，但它的粗纤维比淮山多，手摸感觉比淮山粗糙，留在手上的淀粉也比较少。

存储

置于通风干燥处，防虫蛀。

淮山百合薏米汤

🥕 原料

排骨块 200 克，淮山 50 克，龙牙百合 20 克，枸杞 10 克，玉竹 15 克，薏米 30 克

🧂 调料

盐 2 克

🍳 做法

1. 将淮山、薏米、玉竹、枸杞、龙牙百合装入碗中，倒入清水泡发10 分钟，取出。

2. 锅中注入适量清水烧开，放入排骨块，汆煮片刻，捞出。

3. 砂锅中注水，倒入排骨块、淮山、薏米、玉竹拌匀，大火煮开，加盖，转小火煮100 分钟至有效成分析出。

4. 揭盖，放入龙牙百合、枸杞，拌匀，加盖，续煮 20 分钟，揭盖，加入盐，稍稍搅拌至入味即可。

萝卜淮山煲牛腩

牛腩300克，去皮白萝卜150克，淮山20克，去皮牛蒡100克，芡实20克，姜片、葱花各5克

调料

盐2克，胡椒粉3克，料酒15毫升

🍳 **做法**

1. 洗净的去皮牛蒡切片；洗好的去皮白萝卜切滚刀块；处理好的牛腩切块。

2. 锅中注入适量清水烧开，倒入牛腩，淋入料酒，汆煮片刻，捞出汆煮好的牛腩，沥干水分，装盘待用。

3. 砂锅中注入适量清水，倒入牛腩、牛蒡、白萝卜、淮山、芡实、姜片，拌匀，大火煮开，加盖，转小火煮3小时。

4. 揭盖，加入胡椒粉、盐搅拌至入味，盛出煲好的牛腩，撒上葱花即可。

选购秘诀

看外表： 断面呈纤维状，显粉性，皮部黄色，木质部黄色有放射状纹路。

泡发处理

浸泡： 直接将黄芪泡入凉水中。

用量： 一般用量9～30克，煎汤、含服均可。

禁忌： 黄芪是一种天然的中药材，常见的使用方法就是泡水、熬粥以及煮汤。但是需要注意的是，黄芪并不适合天天服用，并且也不是所有人都可以喝。如果是属于肾阴虚、湿热以及热毒炽盛的患者，那么千万不要服用黄芪泡水，会加重病情。感冒发热的患者也不能服用黄芪，不利于身体退烧。怀孕期间的女性服用黄芪也要特别注意，因为很有可能导致滑胎，对胎儿和孕妇造成伤害。

常用搭配： 黄芪＋羊肉，羊肉含有丰富的营养价值，冬天吃羊肉可促进血液循环，增温御寒，配黄芪则可增强补气益血之功用，又能行气活血通经。

── 存储 ──

置于通风干燥处。

黄芪红枣牛肉汤

🥕 原料

牛肉 200 克，黄芪 10 克，花生 30 克，红枣 20 克，干香菇 30 克

调料

盐 3 克，料酒 15 毫升

🍳 做法

1. 干香菇泡发，打上十字花刀；把黄芪、花生、红枣倒入装有清水的碗中，泡发 10 分钟；牛肉切块。

2. 锅中注入适量清水烧开，倒入牛肉块，淋入料酒，余煮去杂质、血水，捞出，沥干水分，待用。

3. 砂锅中注入适量清水，倒入牛肉块，再倒入泡发的香菇、黄芪、花生、红枣，搅拌匀。

4. 盖上锅盖，开大火煮开转小火煲煮 2 个小时，掀开锅盖，加入少许的盐，搅匀调味即可。

黄芪虾皮汤

🥕 原料

黄芪 20 克，虾皮 20 克，葱花 5 克

🫙 调料

盐 1 克，芝麻油 10 毫升

🍳 做法

1. 黄芪洗净，放入砂煲中，加入适量清水，大火烧开。

2. 加盖，转小火煲 40 分钟。

3. 揭盖，去渣留汁，放入虾皮，再煲 20 分钟。

4. 调入盐、芝麻油，煮片刻，盛出，撒上葱花即可。

黄芪薏米炖乌鸡

原料

乌鸡250克，瘦肉40克，黄芪15克，薏米20克，姜片8克

调料

盐3克

做法

1. 黄芪倒入装有清水的碗中，泡发10分钟；薏米用清水泡发。

2. 乌鸡去脏杂、尾部，洗净，斩成块；猪瘦肉洗净，切小块。

3. 将乌鸡、猪肉、薏米、姜片、黄芪一起放入炖盅内，加入适量清水。

4. 将炖盅转入蒸锅，加盖，隔水炖150分钟，拌入盐即可。

当归

选购秘诀

看外表： 以主根粗长、油润、外皮颜色为黄棕色、肉质饱满、断面颜色黄白、气味浓郁者为佳。

注意事项

浸泡： 直接将当归泡入凉水中。

用量： 一般用量3～15克，宜煲汤。

禁忌： 热盛出血者禁服；湿盛腹胀及大便溏泄者、孕妇慎服。

常用搭配：

1. **当归搭配黄芪：** 当归性温补血；黄芪性温补气，气旺则血生。两者同用，益气生血功效强，对于血虚或气血双亏的患者大有裨益。

2. **当归搭配乌鸡：** 当归能补血调经；乌鸡是补虚劳、养身体的上好佳品，可以滋阴补肾。二者搭配炖汤食用，血阴双补，能调理经血。

—— **存 储** ———————————

置阴凉干燥处，防潮、防蛀。

当归炖鸡汤

🥕 原料

土鸡 250 克，当归 15 克，黑豆 30 克，淮山 15 克，枸杞 5 克，小香菇 20 克，田七少许

🍴 调料

盐 2 克

🍳 做法

1. 将黑豆、小香菇、当归、田七、淮山、枸杞分别置于清水中泡发；水发香菇打上十字花刀；鸡肉斩成块。

2. 锅中注水烧开，放入洗净的土鸡块，搅匀，汆去血渍后捞出。

3. 砂锅中注水，倒入土鸡块，放入泡发好的小香菇、当归、山药、黑豆，盖上盖，大火烧开后转小火煲煮约 100 分钟。

4. 揭盖，倒入泡好的枸杞搅匀，再盖上盖，用小火续煮约 20 分钟，揭盖，放入少许盐调味，略煮即可。

当归党参益气理血汤

🥕 原料

排骨 300 克，冬瓜 100 克，红枣 20
克，党参 15 克，枸杞 8 克，当归 8 克，
姜片 25 克

📦 调料

盐、鸡粉各 2 克，料酒 8 毫升

🍳 做法

1. 洗净的冬瓜切块；排骨斩成块；
   红枣、党参、枸杞、当归泡入水中。

2. 砂锅中注入水，放入排骨，倒入
   料酒，煮至沸，氽去血水，捞出。

3. 砂锅中注水烧开，放入备好的药
   材、姜片拌匀，倒入排骨，淋入
   适量料酒，盖上盖，烧开后用小
   火煮 40 分钟。

4. 揭开盖，放入冬瓜，搅拌匀，盖
   上盖，用小火再炖 20 分钟，至食
   材熟透，揭开盖，放入少许盐、
   鸡粉搅拌片刻，盛出即可。

桂圆肉

选购秘诀

看外表：
以色金黄、肉厚、质细软、体大、半透明者为佳。

注意事项

浸泡： 直接将桂圆肉泡入凉水中。

用量： 一般用量 5 ~ 15 克。

禁忌： 内有实火、痰热、湿热者忌服。

常用搭配：

1. **桂圆搭配莲子：** 桂圆最能补心脾，安心神；莲子能健脾止泻、益肾养心。二者搭配煲粥食用，能增强安神助眠之功，失眠患者可适量食用。

2. **桂圆搭配玫瑰花：** 桂圆能安养心神；玫瑰花性温，善理气解郁、活血散瘀。二者搭配，能够温养人的心肝血脉，抒发体内郁气，同时还可美颜护肤、调理肝胃。

存储

置通风干燥处，防潮、防蛀。

桂圆枸杞乌鸡汤

🥕 原料

乌鸡肉 100 克，山药 50 克，桂圆 15 克，党参 10 克，枸杞、姜片各 5 克

🧂 调料

料酒 8 毫升，盐 3 克

🍳 做法

1. 洗净去皮的山药切滚刀块，处理干净的乌鸡肉切成块。

2. 锅中注水烧开，倒入乌鸡肉块，淋入适量料酒，余 3 分钟，捞出。

3. 锅中注入适量清水烧开，倒入乌鸡肉块、山药、桂圆、党参、姜片，淋入适量料酒，大火煮沸。

4. 加盖，转小火煲 2 小时，揭盖，加入枸杞，煮 10 分钟。

5. 加入盐调味，盛出即可。

白果桂圆炒虾仁

原料

白果 150 克，桂圆肉 40 克，
小米椒 60 克，虾仁 200 克，
姜片、葱段各 5 克

调料

盐 4 克，鸡粉 4 克，胡椒粉 1 克，
料酒 8 毫升，水淀粉 10 毫升，
食用油 10 毫升

做法

1. 洗净的小米椒切成小段。

2. 洗好的虾仁由背部切开，去除虾线，加入
   少许盐、鸡粉、胡椒粉拌匀，淋入水淀粉
   拌匀，倒入适量食用油，腌渍约 10 分钟。

3. 锅中注水烧开，加少许盐、食用油，倒入
   洗净的白果、桂圆肉，拌匀，煮 1 分钟。

4. 放入切好的小米椒，拌匀，再煮半分钟，
   至食材断生。捞出焯煮好的白果、桂圆、
   小米椒，沥干水分，待用。

5. 锅中再倒入虾仁，余至变色，捞出。

6. 锅底留油，放入姜片、葱段，爆香，放入
   白果、桂圆、小米椒翻炒均匀，倒入虾仁，
   淋入适量料酒，炒匀提味，加入少许鸡粉、
   盐，炒匀调味，倒入适量水淀粉翻炒片刻，
   至食材熟透即可。

灵芝

选购秘诀

① 看外表：
以菌盖半圆形、环棱纹、边缘内卷、侧生柄的者为佳。

② 看颜色：
以赤褐如漆者为佳。

泡发处理

清洗：直接将灵芝用温热水清洗干净，灵芝用水泡不发，可直接用来煲汤。

用量：一般用量 10 ~ 15 克。

禁忌：病人手术前、后一周内，或正在大出血的病人忌服。

常用搭配：

1. **灵芝搭配鸡肉**：灵芝善安眠健体；鸡肉温补，善健脾养胃。二者搭配炖汤，能增强补益气血的作用，病后体虚、血气不足者可常饮此汤。

2. **灵芝搭配桂圆**：桂圆能安养心神；鲜龙眼烘成干果后即成为中药里的桂圆。桂圆对人体有滋阴补肾、补中益气、润肺、开胃益脾的作用。

--- **存储** ---

置于干燥处，防霉、防蛀。

灵芝山药煲鸡

🥕 **原料**

鸡肉块 240 克，山药块 40 克，灵
芝 8 克，红枣 20 克，桂圆 20 克，
姜片 5 克

🍱 **调料**

盐 2 克

🍳 **做法**

1. 锅中注入适量清水烧热，倒入洗
   净的鸡肉块，汆煮一会儿，去除
   血渍后捞出。

2. 砂锅中注水烧热，倒入鸡肉块、
   山药块、灵芝、红枣、蜜枣、桂
   圆肉和姜片，盖上盖，烧开后转
   小火煮约120分钟，至食材熟透。

3. 揭盖，加入少许盐，拌煮一小会儿，
   至汤汁入味，盛出煮好的鸡肉汤，
   装在碗中即成。

灵芝淮山生鱼汤

原料

生鱼块 270 克，灵芝 10 克，淮山 30 克，姜片 8 克，葱花 3 克

调料

盐、鸡粉各 2 克，料酒 4 毫升，食用油 20 毫升

做法

1. 用油起锅，放入姜片，爆香，放入洗好的生鱼块，用小火煎约 2 分钟至两面呈焦黄色，装盘待用。

2. 砂锅中注入适量清水烧开，放入备好的灵芝、淮山，倒入煎好的生鱼块。淋入少许料酒，拌匀。

3. 盖上盖，烧开后用小火煮约 30 分钟至食材熟透，揭盖，加入鸡粉、盐，拌匀调味，装入碗中，撒上葱花即可。